优质花生轻简高效栽培技术

宋江春　王建玉　主编

中国农业大学出版社
·北京·

内 容 简 介

本书阐述了花生高产栽培的基础理论知识，含优质花生新品种的选择、适宜南阳盆地的肥料科学配方及施肥技术、常用花生拌种剂、花生主要病、虫、草害识别及综合防治技术、主要花生生产机械，并提出了适合南阳的一系列花生轻简高效栽培技术。全书通俗易懂，图文并茂。本书适合广大农业科技工作者、基层农业技术人员和新型职业农民阅读，也可作为农业院校学生参考用书。

图书在版编目(CIP)数据

优质花生轻简高效栽培技术/宋江春，王建玉主编．—北京：中国农业大学出版社，2019.1

ISBN 978-7-5655-2170-6

Ⅰ.①优…　Ⅱ.①宋…②王…　Ⅲ.①花生-栽培技术　Ⅳ.①S565.2

中国版本图书馆 CIP 数据核字(2019)第 032587 号

书　名　优质花生轻简高效栽培技术

作　者　宋江春　王建玉　主编

策划编辑　梁爱荣　宋俊果　　**责任编辑**　石　华

封面设计　郑　川

出版发行　中国农业大学出版社

社　址　北京市海淀区圆明园西路 2 号　　**邮政编码**　100193

电　话　发行部 010-62818525，8625　　读者服务部 010-62732336

编辑部 010-62732617，2618　　出　版　部 010-62733440

网　址　http://www.caupress.cn　　**E-mail**　cbsszs @ cau.edu.cn

经　销　新华书店

印　刷　南阳鸿博印刷有限公司

版　次　2019 年 1 月第 1 版　　2019 年 1 月第 1 次印刷

规　格　787×1 092　16 开本　7.25 印张　90 千字

定　价　28.00 元

编 委 会

前　　言

我国是食用植物油生产和消费大国，食用植物油供需矛盾非常突出。2008年以来，我国的食用植物油供给总量逐年增长，但对进口依赖程度较高，食用植物油供应对外依存度达到60%以上。

南阳地处我国南北气候过渡带，常年花生种植面积450万亩以上，种植面积和总产量居河南省第一位，占全国5%以上。随着农业供给侧结构改革和乡村振兴战略的实施，农民种植花生的积极性比较高，但总体效益有所下滑，提质增效是发展花生产业的主要途径。近几年，南阳市农业科学院、河南省花生产业技术体系南阳综合试验站开展了一系列的提质增效、轻简高效栽培技术试验，优质花生轻简高效栽培技术逐步成熟，并逐渐被广大种植户接受，降低了种植成本，促进了花生产业的健康和绿色发展，为食用植物油的安全提供了科技支撑。

本书由南阳市农业科学院、河南省花生产业技术体系南阳综合试验站组织编写。本书阐述了花生高产栽培的基础理论知识、优质花生新品种的选择、适宜南阳盆地的肥料科学配方及施肥技术、常用花生拌种剂、花生主要病、虫、草害识别及综合防治技术、主要花生生产机械，并提出了适合南阳的一系列花生轻简高效栽培技术。全书通俗易懂，图文并茂。本书适合广大科技工作者、基层农技人员、新型职业农民和科技户阅读，也可作为农业院校学生参考用书。

主　编

2018年11月

目　　录

一、花生高产栽培的生物学基础

(一)花生各器官的特征特性

1. 根

(1)根的特征　花生为圆锥根系,由主根、侧根和众多的次生细根组成。胚轴及侧根基部在湿润土壤中也能发生不定根。主根由胚根直接长成,如果土层深厚,主根可深入土层2米左右,但根群主要分布在近地表30厘米的土层中。

(2)根的生长发育　种子发芽以后,胚根迅速生长深入土层中成为主根,垂直向下延伸,如果碰到硬底或其他的障碍物则向水平方向生长,直到绕过障碍物后,又转为向下生长。出生的侧根呈水平状态伸展,1个月后渐次转向垂直方向生长。花生的根系发达,生长迅速,在田间栽培条件下,播种5天后,子叶尚未出土时,胚根已伸长6厘米左右。出苗时,主根已长达19～40厘米,侧根达28～47条,最长的10～13厘米。开花前,主根伸长到70厘米,根系分布范围迅速扩大到60厘米。始花后,主根生长缓慢,转入增粗生长及侧根、次生根的发育。

花生根系生长最适宜的土壤温度为20～25℃,温度过高或过低,都不利于根系的发育,最适宜的土壤水分为土壤最大持水量的60%～70%。土壤水分不足,根生长缓慢,甚至停止生长。在干旱的情况下,主根常向有水的地方深扎,而侧根生长不良。但土壤水分过多,缺乏空气,根同样发育不良,根短,侧根少,入土浅,分布范围也小。

(3)花生根瘤　花生和其他豆科植物一样，根上生有根瘤。花生的根瘤是由豇豆族根瘤菌，在适宜的环境条件下，侵入侧根后产生的。花生根瘤菌在土壤中时，带鞭毛，能游动，不能固氮。当花生出苗后，根瘤菌受某些根系分泌物，如可溶性碳水化合物、有机酸、吲哚乙酸、硫胺素和生物素等物质的吸引，聚集在幼根的周围。同时根瘤菌还会分泌纤维素类物质，进一步黏附在宿主幼根上。通过表皮细胞进入皮层细胞，在其中分裂繁殖；受侵染的皮层细胞及其附近的细胞因受刺激而发生不正常的强烈分裂逐渐扩大，并最终形成肉眼可见的圆形根瘤。这时幼苗主茎已有4～5片真叶，幼根上的根瘤菌还不能固氮或固氮力很弱，不但不能供给花生氮素营养，而且还要从花生植株体吸收氮素及碳水化合物来维持生长和进行繁殖。因此，幼苗期根瘤菌与花生是寄生关系。随着植株的生长，根瘤菌的固氮能力逐渐增强，花生开花以后才成为共生关系。开花盛期，固氮能力最强，是供给花生氮素最多的时期。花生需要的氮素，在低肥力不施氮肥的情况下，根瘤供氮可达90%左右，在一般中等肥力地块施用氮素化肥后，根瘤供氮可达50%以上。生育后期，根瘤往往破裂，根瘤菌重新回到土壤过腐生生活。

2.茎

(1)茎的特征　花生的茎包括主茎和分枝。主茎直立，幼时截面呈圆形，中部有髓。盛花期后，主茎中上部呈棱角状，全茎中空，下部木质化，截面呈圆形。主茎一般有15～20个节，有的品种在良好的栽培条件下可达30多个节。基部的茎节节间较短，中间的较长，而上部又较短，茎通常为绿色，有的品种部分带有红色。

茎枝上生有白色的茸毛，茸毛的多少因品种而异。例如，普通型丛生品种红安，直立的茸毛稀疏而短；龙生型兰考多粒品种的茸毛则比较多而密，但环境条件对茸毛的多少也有影响。同品种在干旱条件下生长的茸毛一般比较多。

品种间主茎的差异很大。蔓生型品种主茎高度显著矮于丛生品种。同一品种栽培条件不同，主茎的高度变化很大；光照弱能使主茎的节数略有减少，但节间长度显著增加。水肥、高温能促进主茎生长，增加主茎高度，在水肥条件较好的田间，花生主茎的高度常随群体叶面积扩大而增高，所以主茎高度在一定程度上既能反映个体生长的好坏，又能反映群体的大小。花生产区群众常用主茎高度作为衡量花生个体生育状况和群体大小的一项简易指标。一般认为，丛生型品种主茎高度以 40～50 厘米为宜，超过 60 厘米则表示生长过旺，群体过大，极易倒伏；不足 30 厘米则为生长不良，长势弱的表现。

(2)分枝的发生规律　主茎出生的分枝称第一次枝(或称一级枝)，在一次枝上出生的分枝称二次枝，依此类推；可有三次枝、四次枝，以至五次枝之多。第一、二条一次分枝从子叶叶腋间生出，为对生，通称“第一对侧枝”。第三、四条一次分枝由主茎第一、二真叶叶腋生出，为互生，但是由于主茎第一、二节的节间很短；紧靠在一起；看上去近似对生，所以又称“第二对侧枝”。第一对侧枝在出苗后 3～5 天，主茎第三片真叶展开时出现，第二对侧枝在出苗后 15～20 天，主茎第五、六片叶展开时出现。第二对侧枝是着生荚果的主要部位。一般情况下，第一、二对侧枝结果数占全株总果数的 70%～80%。因此，栽培上促进第一、二对侧枝健壮发育十分重要。

第一对侧枝生出不久，其生长速度逐渐加快，始花后其长度即可接近或超过主茎。到成熟时，有的蔓生型品种第一对侧枝节数也可超过主茎，其长度可达主茎高度的 2 倍以上，丛生型品种第一对侧枝节数较主茎少 2 节左右，其长度则超过主茎，一般为主茎高度的 1.1～1.2 倍。长日照条件对主茎生长比对侧枝生长有更显著的促进作用。在上述情况下,丛生型品种会出现主茎长度超过第一对侧枝的情况。

单株分枝数的变化很大,同一品种的分枝数受环境条件影响很大。肥水不足通常能抑制分枝的发生和生长,尤其在氮、磷不足时表现更为明显。但在大田生产中,花生分枝数显著减少。高温对分枝的发生有不利作用,如夏播植株分枝数就明显少于春播。

一个品种的株型比较稳定,受环境条件影响较小。所以,株型是花生品种分类的重要性状之一。不同株型的品种在栽培上各有其优缺点。丛生型品种株丛紧凑,结荚集中,收刨省工,因而播种面积发展很快。蔓生型品种结果分散,收刨费工,因而播种面积逐年减少。但不少蔓生型品种具有抗风、耐旱、耐瘠等优点,丰产潜力亦不小,如能实现花生收获机械化,蔓生型品种亦有发展前途。

(3)胚轴的形态构造　花生根部与茎部维管束的出生结构有很大的区别。在根与茎的交界处,维管束的构造和排列有一转换的过渡区,这一转换的部位便是胚轴(子叶下胚轴),习惯上也称"根茎"。从形态学上看,胚轴属茎部,它的功能与茎相似,在种子萌发后胚轴即可向上伸长,将子叶推出地表。幼苗时的胚轴,皮层中含有大量的养分,是子叶养分的运转中心,长成后,其上可长出不定根,并形成根瘤。胚轴的生长与出苗有密切关系,在不良的外界条件影响下,胚轴伸长受到妨碍,或者由于播种时种子倒置,发芽后胚轴便出现弯曲,都会影响幼苗的出土。播种过深时,胚轴可以在一定范围内相应伸长,但由于消耗了大量养分,所以这将会对幼苗和根的生长发育产生极大的不利影响。

3.叶

(1)叶的特征　花生的叶可分为不完全叶和完全叶(真叶)2 类。每一枝条上的第一节或第一、二节甚至第三节着生的叶都是不完全叶,称"鳞叶",2 片子叶亦可视为主茎基部的 2 片"鳞叶"。花序上每节着生

1片桃形苞叶(即花的外苞叶),每朵花的最基部有1片二叉状苞叶(即花的内苞叶),这些都属于变态叶。

真叶由叶片、叶柄和托叶组成。叶片通常为4小叶羽状复叶,偶有多于或少于4片的畸形叶。小叶片的形状有倒卵、宽倒卵、椭圆形等。可作为识别品种的标志。小叶片全缘、边缘着生茸毛,叶片较光滑,叶背色较淡,主脉明显突起,并着生茸毛。叶脉为羽状网纹脉,有的品种叶脉和叶肉具有红色素。

花生的叶柄细长,一般2～10厘米,丛生型品种较蔓生型品种稍长,叶柄上面有一纵沟,从先端直达基部,基部膨大部分成为叶枕。小叶叶柄极短,基部也有叶枕,叶柄有输导和临时贮存有机养分的功能。在叶柄基部有两片托叶,约有2/3长度与叶柄相连,形状因品种而异,且受环境影响较少,可作为鉴别品种的依据。

(2)叶的生长发育　花生一生中主茎可着生18～22片真叶,有的品种在条件特殊良好时,可出生30多片真叶。第一对侧枝上的叶数,匍匐型品种多于主茎,丛生型品种比主茎少2片左右。外界条件对主茎或侧枝上的叶数有一定影响,但在一般气候条件下,主茎和侧枝上的叶数变化较小。

主茎上各叶位的叶片按其出叶速度、叶形、C/N(碳氮比)、大叶片面积等特点,可分为4组:第1组为1～4叶,出叶快,每隔1～2天即可长出1片,C/N值低,叶色深,叶面积小。不论哪一类品种,小叶均类似卵圆形,叶片大小在很大程度上取决于种子大小和播种深浅。第2组为5～8叶,出叶速度慢,每出1片叶需5～7天,C/N比值大,叶色转淡,叶面积逐渐加大。第3组为9～16叶,出叶速度逐渐加快,每出1片叶需4～6天,C/N明显降低,叶色深绿,叶面积最大,叶形表现各种品种的固有特征。第4组为17叶以后,出叶速度明显变慢,每出1片叶需8～10

天或10天以上,C/N较高,叶色转淡,叶面积变小。花生叶的寿命因其着生部位不同而异,下部叶为60天左右,中部叶为45天左右,上部叶为38天左右。

(3)叶色及其变化　不同类型的花生品种叶色常有显著差异。一般来说,珍珠豆型品种叶色较浅,常为黄绿色,龙生型品种叶色较深,常为灰绿色。同一品种内叶色深浅常因外界条件及内部营养状况改变而发生变化。因此,花生叶色变化可作为水、肥状况和植株内部营养状况的一项诊断指标。但叶色变化受许多因素影响,如土壤水分过多,缺氮或植株生长旺盛而叶绿素的合成一时赶不上生长的速度时,都能使叶色变黄、变淡,因此,以叶色变化作为营养诊断指标时,必须与其他方面的诊断相结合。

有些珍珠豆型品种在一生的不同生育时期中,叶色深浅表现规律性变化,苗期叶色较深,到始花前叶色开始转淡变黄,盛花、结荚期叶色又转深,进入饱果期又逐渐变黄。饱果期叶色正常转黄,有利于荚果发育,如果饱果期叶色始终浓绿,则荚果不易饱满,秕果多。

(4)叶片的光合性能　花生为C3(三碳)植物,但其光合效率在C3植物中是比较高的,其光合效率受群体叶面积、光照强度、二氧化碳浓度、气温、土壤水分等内外因素影响。

光照强度对光合强度有很大影响。光照强度很弱时,光合强度很低,当光减弱到某一水平,光合强度和呼吸强度相抵消,净光合强度等于零,这时的光照强度称为光补偿点。在光补偿点以上一定范围内,光照强度增加,光合强度直线增加,当光照强度再继续增加,光合强度的增长逐渐减慢,到某一光照强度水平时,光合强度便不再随光照的强度而提高,这时的光照强度称为光饱和点。一般认为C3植物的光饱和点较低,但花生的光饱和点却相当高。

大气中二氧化碳的浓度对花生叶片的光合能力有很大影响，二氧化碳浓度在30～50毫升/米^{3}时，花生净光合强度等于零，在50～600毫升/米^{3}范围内，花生净光合强度随二氧化碳浓度的增加而直线增加。

花生叶片光合作用的适宜温度为20～25℃，温度增高到30～35℃时，光合强度就急剧下降。

土壤干旱导致叶片气孔收缩，并使叶肉细胞缺水，花生的光合强度降低。受旱的花生植株，在水分恢复正常后，其光合作用迅速恢复，有时甚至超过原来的水平，这说明花生对干旱有很强的适应能力。

4.花序和花

(1)花序　花生的花序属总状花序，在花序节的每一轴上的苞叶腋中着生1朵花，有的花序轴很短，只着生1～2朵或3朵花，近似簇生，称为短花序。有的花序轴明显伸长，可着生4～7朵花，偶尔着生10朵以上，称为长花序。有的品种在花序上部又出现羽状复叶，不再着生花朵，从而使花序转变为营养枝，有人称为生殖营养枝或混合花序。有些品种，有的侧枝基部可见到几个短花序着生在一起，形成丛生或“复总状”花序的现象。这种“复总状”花序实际上在分化初期是一个营养枝，其基部2个节上分化出2个总状花序，由于这一营养枝本身在分化过程中停止发育，未能伸出所致。

交替开花型的花生品种在主茎上均不着生花序。连续开花型品种则可在主茎上着生花序。实际上这种花序多数也是着生在一个营养枝的基部，由于这个营养枝未能伸出所致。在侧枝各节上，花序着生的方式有2种：一种是侧枝的每一节上均着生花序，称连续开花型或连续分枝型；另一种是在侧枝的基部1～3节或1～2节上只长营养枝，不长花序，其后的几节着生花序不长营养枝，然后又有几个节不长花序，如此交替地着生营养枝和花序，称交替开花型或交替分枝型。

我国栽培的某些连续开花型品种，第一对侧枝最基部的第一节或第一、二节，一般都长二次营养枝，在此二次枝基部，第二节鳞叶的叶腋内即能着生花序。有时第一个二次枝基部第一节或第一、二节仍长出第三次营养枝，并在其基部第一节仍能发生花序。而交替开花型品种的二次枝的基部第一、二节仍长三次营养枝而不形成花序。

(2)花　整个花器由苞叶、花萼、花冠、雄蕊和雌蕊组成。花生在开花前，幼蕾膨大，从叶腋及苞叶中长出，一般在开花前1天傍晚，花瓣开始膨大，撑破萼片，微露花瓣，至夜间，花萼管迅速伸长，花柱亦同时相应伸长，次日清晨开放。据山东省花生研究所在莱西观察，开花时间多在早晨5:00～7:00，6月份大都是在5:30左右，7～8月份大都在6:00左右，9月份开花较晚，阴雨天开花时间延迟。开花受精后，当天下午花瓣萎蔫，花萼管亦逐渐干枯。花的开放需要光的刺激，与气温亦有一定的关系。

花瓣开放前，长花药即已开裂散粉，圆花药散粉较晚。有的花被埋入土内，花冠并不开放，亦能完成授粉和受精。

授粉后，花粉粒即在柱头上发芽；花粉管沿花柱的诱导沟伸向子房的胚珠。在花粉管开始伸长时，生殖细胞又进行1次分裂形成2个精子。授粉后5～9小时，花粉管可达花柱基部，以后通过珠孔到达胚囊，花粉管靠近卵细胞，放出精子，一个精子与卵细胞结合成为合子，另一个精子与两个极核结合成为初生胚乳细胞。花生一般都为双受精，有时，也可以发生单受精现象，即只有卵子结合而极核未受精或极核受精而卵子未受精，这种单受精的胚珠一般都不能发育成种子。

从授粉到受精完成需要10～18小时。气温过高过低均不利于花粉发芽和花粉管伸长，低于18℃或高于35℃都不能受精。

花生植株各分枝，各节以及各花序上的花，大体按由内向外、由下向上的顺序依次开放。整个植株(或整个群体)开花期延续时间,在一般栽培条件下,珍珠豆型品种从始花到终花需50～70天,普通型品种需60～120天。如果气候适宜,有的品种在收获时还能见到零星花开放。

(3)花量及其影响因素 同一品种单株花量受植株营养生长状况、群体大小和环境条件的影响很大。低温使花芽分化过程延迟,从而使盛花期、终花期都向后推移。开花期间气温低于21℃就能使开花数量显著减少,气温23～28℃时开花最多,气温高于30℃,开花数亦会减少。土壤干旱会延迟花芽分化进程,但土壤水分过多,开花数量亦会减少。开花期空气湿度低亦会使开花数减少。氮、磷、钾、钙等各种营养元素不足都会阻碍花芽分化,从而影响开花数。在一定范围内,开花期营养生长良好,开花数就多,营养生长过弱或过旺,则花量减少。

5.果针

(1)果针的形态及其伸长 花生开花受精后,子房基部的分生细胞迅速分裂,开花后3～6天,即形成肉眼可见的子房柄。子房柄连同位于其先端的子房合称果针。果针尖端的表皮细胞木质化,形成帽状物,以保护子房入土。子房柄的分生区域一般是在尖端后1.5～3.0毫米处,其后为伸长区。子房柄内部的构造与茎相似。在表皮上有许多长有表皮毛的表皮细胞,表皮毛及表皮细胞都能吸收水分和养分。

花生受精后形成原胚,原胚产生各种植物激素,如生长素、赤霉素,细胞分裂素等,不断运转到子房基部,加剧细胞分裂和延长。受精后3～5天,子房基部开始伸长,生长方向略呈水平,开花后5～7天;子房柄向下弯曲;呈正向地性生长,生长速度较慢。开花后7～20天,生长迅速,以后又逐渐缓慢。子房柄长短不一,短的有7～8厘米,长的达10厘米以上。

在正常条件下,在子房不膨大时,子房柄继续伸长;在子房膨大时,子房柄则停止生长。

(2)影响果针形成和入土的因素　花生所开的花有30%～70%不能形成果针,主要原因:一是花器发育不良,如花柱过短;二是开花时气温过高或过低,致使花粉粒不能发芽或伸长延缓,以致不能受精;三是开花空气湿度过低。另外,种植密度大时;成针率有所下降,氮、磷、钾肥不足,则影响果针形成。

果针伸长速度主要受空气温度和土壤水分影响。湿润天气时,子房柄日伸长速度比干燥天气时快2倍。土壤水分对果针伸长亦有相似的作用,但子房柄在水中伸长不良。

果针能否入土,主要取决于果针穿透能力和土壤阻力以及果针着生位置的高低。在田间状态下,果针的穿透力与果针长度和果针的柔软度有关。一般情况下,其压力仅0.003～0.004牛顿。果针离地愈高,果针愈长、愈软,入土能力亦愈弱。土壤的阻力实际上与土壤干湿和紧密度有很大关系,所以保持土壤湿润、疏松有利于果针入土。

6.荚果

(1)荚果的形态、构造　花生果实为荚果,属干果类。果壳表面有10条以上的纵纹,两纵纹间有横脉相连,形成网纹。网纹的粗细和深浅、色泽和光滑度与品种和土质有关。荚果顶端向外突出似鸟喙状的部分称为果嘴,有秃、钝、微钝、尖突、锐利等形状,可作为品种分类的标志。两室以上的荚果,各室间无横隔,有或深或浅的缩缢,称为果腰。花生荚果包括果壳和种子2部分。果壳由子房壁发育而来。

(2)荚果的发育过程　从子房开始膨大到荚果成熟,整个过程可分为2个阶段,即形态分化阶段和养分充实阶段。前一阶段主要表现为荚果体积急剧膨大,早期形成的荚果在果针入土后10天左右,即形成鸡头幼果,10～20天荚果体积增长量快,20～30天,即长到最大限度。但此时荚果含水量多，内含物主要为可溶性糖，油分很少，果壳木质化程度低，前室网纹还不明显，荚果光滑、白色。后一阶段的主要特点是荚果干重（主要是种子干重）迅速增长，糖分减少，含油量显著提高，在入土后50～60天，干重增长基本停止。在此期间，果壳变厚变硬，网纹明显，种皮逐渐变薄，呈现出品种本色。

7. 种子

（1）种子的形态构造　花生的种子通称花生仁或花生米，着生在荚果的腹缝线上。成熟种子的形态大体可分为三角形、桃圆形、圆锥形、椭圆形4种。在同一类果内的种子，因着生部位不同，外形也有差异。

花生种皮的颜色，一般以收获后晒干剥壳时的颜色为准。现有栽培种的种皮颜色大体可分为紫、褐、紫红、红、粉红、黄、白、花皮等多种。其色泽不受栽培条件的影响，可作为区分花生品种的特征之一。

花生种子由种皮及胚两部分组成，胚又分为胚芽、胚轴、胚根及子叶4部分。由于花生子叶大，习惯上常将花生种子分为种皮、子叶及胚3部分。

（2）种子的休眠性　花生种子成熟后，必须经过一段时间的后熟才能完全发芽，这种特性称为休眠性。种子完成休眠所需要的时间称为休眠期。种子休眠性因品种类型不同差异很大。普通型和龙生型品种的休眠期较长，常需110～120天，有些晚熟品种可长达150天以上，甚至到播种时还不能完全解除休眠。珍珠豆型与多粒型品种休眠期很短，有的甚至无休眠期，以致成熟后若收获不及时，常在植株上大量出芽，造成很大的损失。因此，研究花生种子休眠性的机制及其控制，在生产上有其实际的意义。

（二）花生的生育期及其生育特点

花生具有无限开花习性，开花和结实时间延续很长，开花以后很长一段时间,营养生长和生殖生长连续不断地交错进行,所以其生育时期难以划分。目前,国内习惯上将花生的一生分为种子发芽出苗期、幼苗期、开花下针期、结荚期和饱果成熟期。

1. 种子发芽出苗期

从播种到50%的幼苗出土并展开第一片真叶为种子发芽出苗期。

(1)种子发芽出苗需要的条件花生种子发芽出苗需要水分、温度和氧气等外界条件

①水分:花生种子发芽出苗需要足够的水分。一般需吸收相当于种子风干重量40%~60%的水分才能开始萌动,从发芽到出苗需吸收种子重量4倍的水分。

播种时最适宜的土壤水分含量为最大持水量的60%~70%,最低限为最大持水量的40%,且表现吸水慢、萌芽慢、发芽后根的生长尤其是胚轴伸长很慢,并常常出现发芽后又落干的现象。土壤水分充足则吸水快,发芽出苗快,但土壤水分过多时,会因氧气不足,影响种子呼吸,发芽率反而降低,尤其在低温或种子活力较弱的情况下,这种现象更加明显。

②温度:花生发芽的最低温度,珍珠豆型、多粒型是12℃;普通型、龙生型是15℃。在不同温度条件下,种子发芽所需要的时间也不同,在25~37℃时发芽最快,发芽率也高,因此,这一范围可以认为是发芽适温。温度过高、过低均会延长发芽时间。高于40℃,胚根发育受到阻碍,且种子容易发霉,发芽率下降;在46℃时,有的品种不能发芽。花生种子吸胀期间耐低温能力明显减弱。含水量6%~8%的风干种子,在-25℃条件下,仍能保持正常的活力;含水30%以上的种子,在-3℃就失去发芽力。

③氧气:花生种子萌发需氧量较多,呼吸作用旺盛,如氧气不足,则

影响种子呼吸作用的正常进行，生长慢、幼苗弱。当空气中含氧量低到正常含氧量的 3/4 时，就会影响幼苗的高度和鲜重。

(2)种子发芽出土过程完成了休眠并具有发芽能力的种子　在适宜的外界条件下就能发芽。萌发前种子首先要吸水，其吸水速度与温度有关。在 30℃的温水中，3～5 小时即可吸足萌发所需水分；在 15℃左右，则需 6 小时以上才能吸足所需水分。吸水速度还与发芽基质中溶液的渗透压有关，渗透压愈高，吸水愈慢。

与种子吸胀的同时，种子内各种酶的活性加强，子叶内的贮藏物质开始转化，并向胚根、胚轴、胚芽运转。胚的各部分体积随之扩大，开始生长，胚根突破种皮，露出白尖，即为发芽。

种子萌发后，胚根迅速向下生长成为主根，并很快长出侧根，到出苗时，主根长可达 20～30 厘米，侧根可达 30 多条。在胚根生长的同时，子叶下胚轴增粗并向上伸长，将子叶及胚芽推向土表。当子叶顶破地面见光后，胚轴即停止伸长而胚芽则迅速生长。当第一片真叶展开时即为出苗。

在豆科植物中，花生既不同于子叶出土型的大豆、绿豆等，也不同于子叶不出土的豌豆、蚕豆等，属于子叶半出土作物。

2. 幼苗期

从 50%的种子出苗到 50%的植株第一朵花开花期。

(1)出苗后，主茎 1～4 片真叶很快连续生出，第四片真叶出生后，出叶速度明显变慢　到始花时，主茎上一般有 7～9 片真叶，有的品种在气温高时可能少于 7 片叶。整个苗期主茎高度生长很慢，到开花时主茎高度一般为 4～8 厘米。当主茎第三片叶展开时，子叶节分枝(即第一对侧枝)开始出现(指该分枝的第一片真叶展开)，主茎第五、六片叶展开时，第三、四侧枝相继发生，此时主茎上已出现 4 条侧枝。我国北方花生产区称这一时期为“团棵”。到开花时，发育较好的植株一般可有4～6条分枝（包括二次分枝）。与侧枝发生的同时，花序和花芽陆续分化。大致在植株“团棵”时，第一朵花的花芽已进入四分体期。苗期根系伸长很快，到始花时主根可入土50～70厘米，并可形成50～100条侧根和二次侧根，根的重量增长较慢，只占最终根重的26%～45%。

（2）花生苗期的长短，因品种与环境条件不同而有差异　连续开花型品种苗期短，交替开花型品种苗期长。在北方花生产区，一般年份春花生的幼苗期需25～35天，夏播花生20～25天。在南方花生产区，春花生幼苗期30～40天，秋花生幼苗期仅20～30天。多数花生品种对日照长度不很敏感，但长日照处理仍能使开花略为延迟。

（3）温度对苗期生长和苗期长短有很大影响　播种至开花的生物学温度为12℃，需要大于12℃的有效积温为（417.3±12.8）℃。但品种间、年度间有很大差异。

（4）土壤水分状况不仅影响苗期生长，而且对花芽分化进程亦有一定的影响　土壤水分不足，能延迟花芽分化，从而延迟开花。但在花芽分化的四分体期之前干旱。对花生产量影响很小。

（5）花生在苗期对氮、磷等营养元素的吸收量不多，但苗期适当供应氮肥促进根瘤生长，有利于根瘤菌固氮，显著促进植株花芽分化，增加花数　氮素营养对花芽分化进度和开花早晚似无多大影响。

3.开花下针期

从50%的植株开始开花到50%的植株出现鸡头状的幼果，为开花下针期，简称花针期。

（1）开花下针期的长短，因品种、播期、密度及肥水、气温等条件不同而有所变化　北方地区春播花生花针期25～30天；开花集中的早熟品种20天左右；夏播早熟品种仅15～20天。低温、弱光、干旱、长日照等条件或过于稀植都可使盛花期延迟，延长花针期。

(2)花针期生育的突出特点是大量开花，并随之形成大量的果针 这一时期的开花数通常可占总花量的50%～60%，形成的果针数可达子房柄总数的30%～50%，并有相当多的果针入土。但生殖器官所占有的干物质还很少，占本期积累总量的5%左右。

(3)花针期营养生长显著加快，叶片数、叶面积迅速增长，达到或接近增长盛期 该期所增长的叶片数占最高叶片数的50%～60%，增长的叶面积和叶片干物质量可达最高量的40%～60%，在低肥水条件下，可达70%以上。

花针期叶片的净光合生产率仍维持较高水平，加上叶面积迅速增长，干物质积累量比苗期显著提高。这一时期所积累的干物质可达花生总积累量的20%～30%，有时可达40%。其中，90%～95%分配到营养器官，茎与叶大致各占一半左右。花针期还不是植株生长的最盛期。在花针期之末，叶面积系数还不到最高峰，田间还不封垄。

(4)花针期对外界环境条件比较敏感

①需水较多。土壤干旱会严重影响根系和地上部的生长，也会影响开花，甚至开花中断。果针的伸长和入土则要求湿润的空气和潮湿的土壤，干旱板结的土壤不利于果针入土。但土壤水分过多，也不利于花生生长发育，当土壤含水量达到土壤最大持水量的80%以上时，又会造成茎叶徒长，开花减少。

②对光照强弱反应非常敏感。日照弱，主茎增长快，分枝小而盛花期延迟。良好的光照可促使节间紧凑，分枝多而较健壮，花芽分化良好。

③对温度的要求较高。开花期适温为日平均温度23～28℃，在这一范围内，温度高，开花数较多。当日平均温度低于21℃时，开花数显著减少；超过30℃时，开花数亦减少。尤其是受精过程受到严重影响，

成针率显著降低。

④对营养的要求显著增加。氮、磷、钾三要素的吸收量为全生育期总吸收量的23%～33%。这时根瘤也大量生成，根瘤固氮能力明显加强，也能为花生提供越来越多的氮素。

4.结荚期

从50%植株出现鸡头状幼果到50%植株出现饱果为结荚期。

北方地区春播花生结荚期30～40天。该期生育的主要特点是大批果针入土或已经入土，大量子房迅速膨大，发育成幼果。这一时期所形成的荚果数可占最后总果数的60%～70%，有时甚至可达90%以上，果重开始显著增长。有的丰产田在整个结荚期间平均每天每亩荚果干物质可增长4～5千克，整个结荚期每亩荚果干物质可增长150千克左右。果重增长量可达最后果重的30%～40%或以上，有时可达50%以上。

结荚期叶面积和干物质积累量均达到花生一生中最高值，所积累的干物质为总干物质的50%～70%，其中，50%～70%分配在营养器官。

在营养器官中，茎的生长已处于明显优势，茎重的增长量可占本期干物质总增长量的40%左右，叶重的增长量仅占20%左右，叶面积增长除在高温、高湿、高肥条件下在结荚初期达到高峰外，在一般栽培条件下，增长量已经下降，在结荚后期，由于落叶多，叶面积已开始减少。

结荚期是花生一生中生长的最盛期，需要较多的肥料。据山东省花生研究所试验，结荚期所吸收的氮、磷占花生一生所吸收氮、磷总量的50%左右，吸收肥料量达到高峰。结荚期也需要较高的温度，平均气温与产量呈显著的正相关。

5.饱果成熟期

从50%的植株出现饱果到荚果饱满成熟收获，称饱果成熟期，简称“饱果期”。这一时期营养生长逐渐衰退、停止，生殖器官大量增重，是花生生殖生长为主的时期。

营养生长的衰退表现在株高和新叶的增长接近停止，绿叶面积迅速减少，叶色逐渐变黄，净光合生产率下降，干物质积累量减少，根的吸收能力显著减弱，根瘤停止固氮，茎叶中所含的氮、磷等营养物质大量向荚果运送。

生殖生长的表现主要是荚果迅速增加，饱果数和重量则大量增加。这一期间所增加的果重可占总果重的50%～70%，是花生荚果产量形成的主要时期。

栽培条件不同，可使饱果期营养生长的衰退和荚果增重的情况发生很大变化。栽培不当，花生出现营养生长衰退过早过快，干物质积累很少，荚果增重不大或营养生长迟迟不见下降，干物质积累量较多，但运向荚果的较少，果重增长也不快。比较理想的正常状态是营养生长缓慢衰退，既保持较多的叶面积和较高的生理功能，又能有较多的干物质运向荚果。

(三)花生种植品种的类型和优质高产品种

1. 花生品种类型和分类

(1)品种类型　按品种的特征、特性分为普通型、珍珠豆型、多粒型和龙生型。

①普通型。荚果为普通形，个别为葫芦形，果嘴不明显，网纹较平滑。果型大，称之为大花生。荚果一般有2粒种子，少数3粒，椭圆形，种皮为粉红色或深红色。茎技粗壮，分枝较多，常有第三次分枝，总分枝在20个以上。茎枝花青素不明显，呈绿色。小叶呈倒卵形，绿或深绿色。主茎不开花，属交替开花、分枝型。单株开花量多，在大田群体条件下，开花量150～200朵。春播生育期140～180天，种子休眠期长，在90

天以上，要求总活动积温 3 200～3 600℃。种子发芽较慢，要求的温度较高。根据株型分立蔓，半立蔓和蔓生 3 个亚型。多为 1 年 1 熟或 1 年 3 熟的春花生。主要是我国北方的栽培品种类型，南方种植面积很少。

②珍珠豆型。荚果为葫芦形和蚕茧形，果壳薄，网纹细而浅，果型中或小，一般叫小果花生。荚果有 2 粒种子，籽仁饱满，出仁率高，一般为 75%以上。种子呈桃形，种皮有光泽，多为淡红色，少数深红色。株型直立、紧凑，主茎较高，分枝较少，一般不分生或少分生二次分枝，单株总分枝数 10 个以下。茎枝色浅，呈黄绿色。小叶片较大，椭圆形，浅绿或黄绿色。主茎开花；属连续开花、分枝型，开花早，主茎 7 片真叶现花，花期短，花量少，单株开花量 50～80 朵。花芽分化早，节位低，有地下花（闭花）。生育期较短，春播一般为 120～130 天。要求总活动积温为 2 800～3 000℃，种子发芽快，要求温度低，出苗快。种子休眠期短，一般为 9～50 天，甚至休眠不明显，有的品种成熟后遇旱再遇雨就在地里发芽，本类型品种由于具有早熟、株型紧凑、结果集中、籽粒饱满等特点，主要在广东、广西、福建及河南南部等地种植。

③多粒型。荚果为串珠形，果嘴不明显、果壳厚，网纹平滑，束腰很浅，有的地方叫它“长生果”。多数荚果含 3～4 粒种子，形状不规则，略呈圆锥形、圆柱形或三角形。种皮光滑；有光泽，呈深红或紫红色。株型直立，茎枝粗壮而高大。疏枝型，二次分枝很少、一般条件下，单株总分枝 4～5 个。茎枝上有茸毛，浅绿带紫红色。小叶片大，长椭圆形，多数品种浅绿和黄绿色，叶脉较明显。连续开花，短花序，花期长，花量大，结实集中，成针率高，结实率低。生育期短，春播为 120 天左右，总活动积温 2 700～2 900℃。种子休眠期短，收获期在田间易发芽，主要在无霜期短的东北等地区有种植。

④龙生型。荚果为曲棍形或蜂腰形。有明显的果嘴和直脉突起的

龙骨,所以有些地方叫它“骆驼腰”或“罗锅子”。果壳薄,网纹深,皮色灰暗,果柄脆而长、收获时易落果,种在黏土地易烂果。多数荚果3～4粒种子,种子呈三角形或圆锥形,种皮不光滑,色暗红,无光泽。交替开花,花量多,在适宜条件下,单株开花量可达千朵。主茎上完全是营养枝。不开花。分枝性强,常有第四次分枝,在条件适宜的单株总分枝数可达120条,侧枝长达1米以上,一般大田栽培,单株总分枝30个左右。茎枝上茸毛较密,茎部花青素多,呈紫红色。株型多为蔓生,小叶片倒卵形或宽倒卵形,叶面和叶缘有明显的茸毛,叶色多为深绿色和灰绿色。生育期较长,一般春播生育期160天以上,所需总活动积温3 300～3 500℃。种子休眠期长,发芽慢,要求的温度较高(5厘米播种层平均地温稳定在15～18℃)。抗旱、抗病,防风固沙,保持水土,耐瘠性强,适于丘陵地或沙滩地种植。

(2)中间类型　20世纪70年代以来,各地应用四大类型地方品种,采取有性杂交毛段,或采取激光和原子辐射等人工诱变手段,选育出一批新品种和衍生新品种(系),成了原有四大类型品种包括不了的中间型新品种体系。多数品种性状优良,是当前各地生产中的当家品种。为便于性状区别,现暂划归为中间类型(中间型)。此类型有两大特点:一是连续开花、连续分枝,开花量大,受精率高,双仁果和饱果指数高。荚果普通形或葫芦形,果型大或偏大。多双室荚果,网纹浅,种皮粉红,出仁率高。株型直立,植株高或中等,分枝少,叶片小或中等大,侧立而色深。中熟或早熟偏晚,种子休眠性中等,生育期130～150天。二是适应性广,丰产性好。我国黄河流域和长江流域各省选育的高产新品种,绝大多数属这一类型,如山东省的花育19号、花育21号、花育22号、花育25号、丰花1号、维花8号,江苏省的徐州68～4、徐系1号,徐花5号,河南省的豫花7号、豫花15号,四川省的天府14号、天府15号,天府18号等，都有很强的适应性。再如海花1号和花37等品种，在黄泛平原、黄土高原和东北高寒地区已成为大面积的当家品种；花育25号在华北、东北和华东等区域花生产区得以大面积推广；天府15号在陕、晋、豫、皖4省安家落户。这些品种已大面积获得每亩产量300千克、400千克、500千克，有的品种，如花育19号，花育22号、丰花1号、丰花3号，在小面积上每亩产量可达600千克，甚至700多千克。

2.优质高产花生品种类型

优质花生是指品质优良、具有专门用途的花生，即经过规模化、区域化种植，综合性状表现突出，种性纯正、品质稳定，某个或多个性状符合国家优质花生品质标准，能够满足加工、出口、鲜食需求的花生。目前我国优质花生分4个类型。

(1)高油花生　高油花生的品质以籽仁脂肪含量为主要指标，脂肪含量愈高品质愈好；不饱和脂肪酸含量愈高，营养价值愈高。一般把籽仁含油量达到55%以上作为高油花生的标志，同时要求高油花生具有产量高、抗性强、出仁率和饱果率高的特点。

(2)食用花生　食用花生的品质以籽仁蛋白质含量、糖分含量和口味为主要指标，蛋白质含量高，含糖量高，食味好，品质愈好。食用花生又可分为鲜食花生、花生烤果和花生烤仁、芽菜花生等。

(3)出口花生　出口花生的品质以荚果和籽仁形状、果皮和种皮色泽、整齐度等表现或视觉性状、油酸/亚油酸比值、口味等为主要指标。

(4)保健型花生　保健型花生的品质指籽仁中含有某种或几种对人体健康具有重要作用的成分，且含量高于一般品种。目前，保健型花生的品种主要有高油酸花生、低脂肪花生、高锌高硒花生等。

二、适宜南阳及周边地区种植的花生新品种

(一)品种选用原则

品种的生育期及产量潜力是选用品种的首要原则，其次选用品种要看是否通过河南审定或国家鉴定(登记)，试验及示范中的产量、抗性、品质表现等。

春花生应选用增产潜力大的早熟中果型或小果型品种，生育期 120 天左右；夏直播花生，一般选用小果型品种，生育期 100 天左右。

(二)适宜春播及麦套种植的中果型花生品种

1.豫花 9327

河南省农业科学院经济作物研究所选育的珍珠豆型花生新品种，2003 年通过河南省农作物品种审定委员会审定。

特征特性：属直立、疏枝型，生育期 110 天左右，连续开花，荚果发育充分，饱果率高，幼茎颜色绿色，茎色绿色，主茎高 33～40 厘米，叶片椭圆形，叶色灰绿色，较大，株型直立、疏枝，结果枝数 6～8 条，荚果类型斧头形，前室小，后室大，果嘴略锐，网纹粗，浅，结果数每株 20～30 个，百果重 170 克，出仁率 70.4%，籽仁三角形，种皮颜色粉红色，种皮表面光滑，百仁重 72 克。

产量表现：2000 年参加河南省区域试验，平均亩产荚果 214.72 千

克，亩产籽仁 147.72 千克，比对照“豫花 6 号”增产 19.19%和 13.94%，2001 年续试，平均亩产荚果 262.47 千克，亩产籽仁 190.02 千克，比对照“豫花 6 号”增产 14.86%和 11.55%，2002 年生产试验，平均亩产荚果 282.6 千克，亩产籽仁 210.3 千克，分别比对照“豫花 6 号”增产 13.4% 和 11.7%。

栽培技术要点：6 月 10 日以前，每亩 12 000 穴左右，每穴两粒，根据土壤肥力高低可适当增减。播种前施足底肥，苗期要及早追肥，生育前期及中期以促为主，花针期切忌干旱，生育后期注意养根护叶，及时收获。

2. 漯花 8 号

漯河市农业科学研究院选育的珍珠豆型花生新品种，2015 年通过河南省农作物品种审定委员会审定。

特征特性：属珍珠豆型品种，生育期 111～117 天。疏枝、直立，连续开花。主茎高 43.7～45.9 厘米，侧枝长 47.6～49.2 厘米，总分枝 7.5～8.2 条，结果枝 6.1～6.4 条，单株饱果数 8.4～9.4 个。叶色深绿、椭圆形，荚果茧形，果嘴钝，网纹细、较浅，缩缢浅。百果重 220.3～237.3 克，饱果率 82.9%～84.8%；籽仁桃形、三角形，种皮红色，百仁重 83.5～88.9 克，出仁率 67.7%～71.1%。

抗病鉴定：2012 年经河南省农业科学院植物保护研究所鉴定，抗网斑病、根腐病，中抗叶斑病、病毒病；2013 年鉴定：抗网斑病、颈腐病，中抗叶斑病，感锈病。

品质分析：2012—2013 年农业部农产品质量监督检验测试中心（郑州）测试：蛋白质含量 21.3%/18.75%，粗脂肪含量 52.45%/56.48%，油酸含量 48%/48.8%，亚油酸含量 32%/30.8%，油酸亚油酸比值（O/L）1.5/1.58。

产量表现:2012 年河南省珍珠豆型花生品种区域试验,9 点汇总,荚果全部增产,平均亩产荚果 354.3 千克、籽仁 252.1 千克,分别比对照“远杂 9102”增产 17.0%和 8.0%,荚果增产极显著;2013 年续试,9 点汇总,荚果 8 点增产,1 点减产,平均亩产荚果 320.4 千克、籽仁 223.5 千克,分别比对照“远杂 9102”增产 9.6%和 2.4%,荚果增产极显著。2014 年河南省珍珠豆型花生品种生产试验,6 点汇总,荚果全部增产,平均亩产荚果 342.6 千克、籽仁 245.8 千克,分别比对照“远杂 9102”增产 12.0% 和 7.9%。

栽培技术要点:①播期和密度:夏播在 6 月 10 日前播种;每亩 12 000 穴,每穴 2 粒。②田间管理:播种前施足底肥,亩施有机肥 4 000 千克以上,复合肥 40～50 千克。生育期间以促为主,注意及时防治锈病,成熟时及时收获。

(三)适宜夏播的小果型花生品种

1.远杂 9102

河南省农业科学院经济作物研究所利用远缘杂交技术选育的珍珠豆型小果、高油、高产、早熟花生品种,2002 年分别通过河南省和国家审定,2005 年通过湖北省审定,2006 年通过辽宁省认定,是我国第一个通过国家审定的种间杂交花生品种。

产量表现:远杂 9102 在河南省夏播区试及生产试验中,比对照“白沙 1016”增产 22.6%;在全国花生区域试验中,比对照“中花 4 号”增产 14.5%;在湖北省花生区域试验中,比对照“中花 4 号”增产 13.04%。在高产示范中,曾创造了百亩方荚果产量 522 千克/亩的高产典型。先后被安徽和四川引种示范。

特征特性:远杂 9102 为珍珠豆型品种,主茎高 30～35 厘米,侧枝长

34～38 厘米，总分枝 8～10 条；叶片宽椭圆形，微皱，深绿色，中大；荚果茧形，果嘴钝，网纹细深，百果重 165 克；籽仁桃形，种皮粉红色，有光泽，百仁重 66 克，出仁率 73.8%；在河南夏播生育期 100 天左右。株型紧凑，长势稳健，抗旱、耐涝性强，抗倒伏性好；经农业部油料作物遗传改良重点实验室鉴定，其固氮能力强（1 级），能够较有效地利用大气中的氮素，对瘠薄的土壤条件表现出较好的耐受性。

品质分析：籽仁脂肪含量 57.40%，蛋白质含量 24.15%。

抗病鉴定：高抗花生青枯病，抗叶斑病、网斑病和病毒病。

栽培技术要点：夏直播种植以 6 月 10 日前播种为宜，种植密度一般 1.1 万～1.2 万穴/亩，每穴 2 粒种子。

2.宛花 2 号

南阳市农业科学院选育的珍珠豆型花生新品种，2012 年通过河南省农作物品种审定委员会审定。

产量表现：在河南省珍珠豆型花生品种区域试验中，宛花 2 号荚果比对照“豫花 14 号”增产 10.13%；在河南省珍珠豆型花生生产试验中，荚果比对照“远杂 9102”增产 13.64%。

特征特性：宛花 2 号属珍珠豆型品种，一般主茎高 40.0 厘米，侧枝长 43.3 厘米，总分枝 8.9 条；叶片黄绿色、长椭圆形、中等大小；荚果茧形，果嘴钝、不明显，网纹细、稍深，缩缢浅，百果重 160.8 克；籽仁桃形，种皮粉红色，百仁重 68.4 克，出仁率 75.0%。夏播生育期 112 天左右。

品质分析：宛花 2 号籽仁蛋白质含量 26.99%，粗脂肪含量 49.58%，油酸含量 40.8%，亚油酸含量 39.37%，油亚比（O/L）1.1。

抗病鉴定：宛花 2 号抗网斑病，中抗锈病、病毒病，感叶斑病、根腐病。

栽培技术要点：夏直播在 6 月 10 日前播种，种植密度 1.1 万～

1.2 万穴/亩，每穴 2 粒种子。

3. 远杂 9307

河南省农业科学院经济作物研究所利用远缘杂交技术选育的珍珠豆型出口品种，2002 年通过国家农作物品种审定委员会审定。2003 年被列入国家农业科技成果转化基金项目，2013 年获河南省科技进步一等奖。

产量表现：在全国花生区域试验中，远杂 9307 比对照“白沙 1016”增产 14.15%，在全国花生生产试验中，比对照“白沙 1016”增产 15.93%。在高产示范中，百亩方夏播荚果产量达 426.1 千克/亩。

特征特性：远杂 9307 为珍珠豆型品种，一般主茎高约 30 厘米，侧枝长约 33 厘米，总分枝 8～9 条；叶片宽椭圆形，深绿色，中大；荚果茧形，果嘴钝，网纹细深，百果重 182.5 克；籽仁粉红色，桃形，有光泽，百仁重 74.9 克，出仁率 73.6%；在河南夏播生育期 100 天左右。

品质分析：远杂 9307 籽仁蛋白质含量 26.52%，脂肪含量 54.07%，油酸含量 40.4%，亚油酸含量 39.6%。

抗病鉴定：远杂 9307 高抗青枯病，抗叶斑病、网斑病和病毒病。

栽培技术要点：夏直播种植以 6 月 10 日前播种为宜，种植密度一般 1.1 万～1.2 万穴/亩，每穴 2 粒种子。

4. 豫花 22 号

河南省农业科学院经济作物研究所选育的珍珠豆型花生新品种，2012 年通过河南省农作物品种审定委员会审定。

产量表现：在河南省珍珠豆型优质花生区域试验中，豫花 22 号荚果比对照“豫花 14 号”增产 16.01%；在河南省珍珠豆型优质花生生产试验中，荚果比对照“远杂 9102”增产 10.6%。在高产示范中，百亩方荚果产量达 530.2 千克/亩。

特征特性：豫花 22 号为珍珠豆型品种，一般主茎高 43 厘米左右，侧枝长 44 厘米左右，总分枝 7 条；叶片浓绿色、椭圆形、中大；荚果为茧形，果嘴钝，网纹细、稍深，缩缢浅，百果重 189.7 克，饱果率 79.3%；籽仁桃形，种皮粉红色，有光泽，百仁重 81.6 克，出仁率 72%；夏直播生育期 110 天左右。

品质分析：豫花 22 号籽仁蛋白质含量 24.48%，粗脂肪含量 52.82%，油酸含量 36.14%，亚油酸含量 43.17%。

抗病鉴定：豫花 22 号中抗叶斑病、锈病、病毒病，抗根腐病。

栽培技术要点：夏直播种植以 6 月 10 日前播种为宜，种植密度一般 1.1 万～1.2 万穴/亩，每穴 2 粒种子。

5. 豫花 23 号

河南省农业科学院经济作物研究所选育的珍珠豆型花生新品种，2012 年通过河南省农作物品种审定委员会审定。

产量表现：在河南省珍珠豆型优质花生区域试验中，豫花 23 号荚果比对照“豫花 14 号”增产 15.85%；在河南省珍珠豆型优质花生生产试验中，荚果比对照“远杂 9102”增产 14.16%。在高产示范中，百亩方荚果产量达 492.8 千克/亩。

特征特性：豫花 23 号属珍珠豆型品种，一般主茎高 43 厘米左右，侧枝长 45 厘米左右，总分枝 8 条；叶片淡绿色、椭圆形、中大；荚果为茧形，果嘴钝，网纹粗、深，缩缢稍浅，百果重 188 克，饱果率 80%；籽仁桃形，种皮粉红色，有光泽，百仁重 80 克，出仁率 72.8%；夏直播生育期 110 天左右。

品质分析：豫花 23 号籽仁蛋白质含量 24.84%，粗脂肪含量 51.72%，油酸含量 36.53%，亚油酸含量 43.86%。

抗病鉴定：豫花 23 号抗网斑病，感叶斑病，中抗锈病、病毒病，抗根腐病。

栽培技术要点：夏直播种植以 6 月 10 日前播种为宜，种植密度一般 1.1 万～1.2 万穴/亩，每穴 2 粒种子。

6. 商花 5 号

商丘市农林科学院选育的珍珠豆型花生新品种，2012 年通过河南省农作物品种审定委员会审定。

产量表现：在河南省珍珠豆型花生品种区域试验中，商花 5 号荚果比对照“豫花 14 号”增产 10.4%；在河南省夏播花生生产试验中，荚果比对照“远杂 9102”增产 8.1%。

商花 5 号属珍珠豆品种，一般主茎高 41.5 厘米，侧枝长 45.5 厘米，总分枝 8 条；叶片浓绿色、长椭圆形、中等大小；荚果为茧形，果嘴钝，网纹细、深，缩缢浅，百果重 209.6 克；籽仁桃形、种皮粉红色，百仁重 90 克，出仁率 75.0%。夏播生育期 112 天左右。

品质分析：商花 5 号籽仁蛋白质含量 27.57%，粗脂肪含量 49.99%，油酸含量 38.07%，亚油酸含量 40.37%，油亚比(O/L)0.94。

抗病鉴定：商花 5 号抗根腐病，中抗叶斑病、病毒病，感网斑病。

栽培技术要点：夏直播在 6 月 10 日前播种，种植密度 1.1 万～1.2 万穴/亩，每穴 2 粒种子。

7. 驻花 2 号

驻马店市农业科学院选育的珍珠豆型花生新品种，2012 年通过河南省品种审定委员会审定。

产量表现：在河南省珍珠豆型花生品种区域试验中，2009 年 9 点汇总，荚果 8 增 1 减，平均亩产荚果 313.6 千克、籽仁 240.5 千克，分别比对照“豫花 14 号”增产 11.1%和 14.0%；2010 年续试，7 点汇总，荚果全部增产，平均亩产荚果 293.5 千克、籽仁 224.3 千克，分别比对照“豫花

14号”增产11.2%和12.6%；2011年生产试验，7点汇总，荚果6增1减，平均亩产荚果294.8千克、籽仁222.9千克，分别比对照“远杂9102”增产12.2%和12.5%。

特征特性：驻花2号属直立、疏枝型品种，夏播生育期113天。一般主茎高42.3厘米，侧枝长45.9厘米，总分枝7.6条，结果枝6.2条，单株饱果数11个；叶片淡绿色、椭圆形、中等大小；荚果为茧形，果嘴钝，不明显，网纹细、稍深，缩缢浅，百果重177.1克，饱果率79.5%；籽仁桃形、种皮粉红色，百仁重76.8克，出仁率76.8%。

品质分析：2009—2010年两年品质检测，蛋白质含量28.34%/28.00%，粗脂肪含量51.03%/52.59%，油酸含量34.91%/33.8%，亚油酸含量43.52%/45.3%，油亚比(O/L)0.80/0.75。

抗病鉴定：抗网斑病，中抗叶斑病，中抗锈病，中抗病毒病，感根腐病。

栽培技术要点：适宜河南各地夏播种植，一般在5月20日—6月10日播种，每亩10 000～12 000穴，每穴2粒种子。

8.农大花103

河南农业大学选育的珍珠豆型花生新品种，2013年通过国家鉴定。适宜河南及长江流域种植。

产量表现：在全国花生区试中，平均亩产荚果产量282.18千克，比对照增产4.64%。

品质分析：含油量51.3%，蛋白质含量28.4%。

抗病鉴定：抗叶斑病，中抗锈病，中抗青枯病，抗旱性强，抗倒性中等。

栽培技术要点：夏播生育期100天左右，株型紧凑，主茎高34.6厘米，总分枝数8.3条，百果重182.5克，百仁重80.4克，出仁率76.7%。

(四)高油酸花生品种

1.豫花37号

河南省农业科学院经济作物研究所选育的珍珠豆型花生新品种，2015年通过河南省品种审定委员会审定。

产量表现：在河南省珍珠豆型花生品种区域试验中，2012年9点汇总，荚果7点增产，2点减产，平均亩产荚果319.9千克、籽仁229.0千克，分别比对照"远杂9102"增产5.6%和减产1.9%，荚果增产极显著；2013年续试，9点汇总，荚果3点增产，6点减产，平均亩产荚果291.2千克、籽仁204.9千克，分别比对照"远杂9102"减产0.4%和5.9%，荚果减产不显著。2014年生产试验中，6点汇总，荚果全部增产，平均亩产荚果339.0千克、籽仁247.3千克，分别比对照"远杂9102"增产10.8%和8.6%。

特征特性：豫花37号属珍珠豆型花生品种，一般主茎高47.4～52厘米，侧枝长52～57厘米，总分枝7.9～8.6条，结果枝6.1～6.9条，单株饱果数8.5～11.1个。叶片黄绿色、椭圆形，荚果茧形，果嘴钝，网纹细、浅，缩缢浅。百果重169～189.9克，饱果率77.5%～81.3%；籽仁桃形，种皮粉色，百仁重67.2～71.5克，出仁率70.3%～73%。

品质分析：2012年、2013两年品质测试：蛋白质含量21.33/19.4%，粗脂肪含量52.63/55.96%，油酸含量79.0/77.0%，亚油酸含量5.52/6.94%，油酸亚油酸比值(O/L)14.31/11.10。

抗病鉴定：2012年经河南省农业科学院植物保护研究所鉴定，抗网斑病、根腐病，中抗叶斑病、病毒病；2013年鉴定，抗颈腐病，高抗网斑病，中抗叶斑病，感锈病。

栽培技术要点：夏播在6月10日前播种；每亩10 000～11 000穴，

每穴2粒种子。

2.开农1760

开封市农林科学院选育的中间型花生新品种,2017年通过国家非主要农作物登记。

产量表现:在河南省花生新品种联合鉴定试验中,第1生长周期亩产354.13千克,比对照“远杂9102”增产7.83%;第2生长周期亩产356.2千克,比对照“远杂9102”增产12.48%。籽仁第1生长周期亩产269.36千克,比对照“远杂9102”增产6.16%;第2生长周期亩产261.54千克,比对照远杂9102增产8.75%。

特征特性:开农1760属中间型品种,油食兼用。生育期114天左右。株型直立,连续开花。平均主茎高33.9厘米,平均侧枝长39.9厘米,总分枝9条左右,结果枝7条左右。叶片椭圆形、中等大小。荚果普通形或茧形,荚果缢缩程度弱,网纹细、较浅。平均百果重156.95克,平均饱果率86.1%。籽仁桃形或椭圆形,种皮浅红色,内种皮黄色,种皮有油斑,平均百仁重68.9克,平均出仁率74.7%。

品质分析:籽仁含油量52.14%,籽仁蛋白质含量19.55%,籽仁油酸含量76.4%,籽仁亚油酸含量6.61%,棕榈酸含量6.36%。

抗病鉴定:中抗青枯病、叶斑病、锈病,高抗颈腐病。

栽培技术要点:春播种植应在5厘米地温稳定在18℃以上时播种;夏播种植播期6月10日之前。

(五)品种选用需要注意的问题

①推荐的中、早熟品种(适宜夏播的品种)也可做麦套或春播,但中晚熟品种不能做夏直播使用。

②我国花生目前平均单产约250千克/亩,河南省花生平均单约

300 千克/亩，大面积高产示范中，花生可达到 500 千克/亩，小面积可达 600 千克/亩。品种的产量与土壤肥力、管理水平、施肥、病虫防治及气候、温度相关，现在生产取得高产的品种均为经过国家或省审的品种，花生种植的朋友不能相信别人虚假宣传，盲目引种，防止给生产造成损失。

三、主要花生生产机械

(一)播种机械

1.覆膜播种机

(1)2BFD-2SC型花生覆膜播种机　山东青岛万农达花生机械有限公司。

2BFD-2SC型花生覆膜播种机

(2)花生覆膜精播机(先覆膜)　襄阳市忠兵农业机械有限公司。

花生覆膜精播机

(3)2BFD-2B 型多功能花生播种覆膜机　山东莱西市克建农机研制厂。

2BFD-2B 型多功能花生播种覆膜机

(4)花生覆膜播种机　商丘市志鸿机械设备有限公司。

花生覆膜播种机

2.麦后多功能播种机

(1)多功能花生播种机　正阳县程功机械有限公司。

多功能花生播种机

(2)花生免耕播种机　驻马店市民有王播种机厂。

花生免耕播种机

(3)花生精播机　襄阳市忠兵农业机械有限公司。

花生精播机

(二)收获机械

1.分段收获机(挖花生机)

(1)分段收获机　滑县昌达粮油输送机械厂。

分段收获机(1)

(2)分段收获机　南阳市固德威机械装备有限公司。

分段收获机(2)

(3)分段收获机　正阳县程功机械有限公司。

分段收获机(3)

2.花生摘果机

(1)花生干、湿两用摘果机　郑州艾美瑞机械设备有限公司，生产类似产品的企业还有开封豫达机械设备有限公司、开封金牛机械厂、通许县如意机械厂、开封慰农机械厂、开封五丰机械厂、鄢陵东风机械有限公司、河南黄河旋风股份有限公司(长葛)、驻马店市老官田机械有限公司。

花生干、湿两用摘果机

(2)大、中型花生摘果机　南阳奥科耒科技有限公司。

大、中型花生摘果机

(3)大型复式花生摘果机　南阳市固德威机械装备有限公司。

类似的企业还有新乡立成机械有限公司、延津县石婆固予新机械厂。

大型复式花生摘果机

(4)高效花生摘果及秸秆粉碎切机　获嘉县恒泽农业机械厂。

高效花生摘果及秸秆粉碎切机

(5)移动式花生摘果机　正阳县程功机械有限公司。

移动式花生摘果机

(6)4HZB-2半喂入花生摘果机　南京机械化研究所(小规模使用)。

4HZB-2半喂入花生摘果机

四、南阳花生平衡施肥配方、用量及施肥技术

下面推荐南阳不同花生产区施肥参数和复合肥品牌，供了解和参考。

(一)南阳不同花生产区最佳施肥配方推荐

根据试验结果，花生每生产100千克荚果，需吸收积累氮(N)5.2千克，五氧化二磷(P_2O_5)1.0千克，氧化钾(K_2O)2.4千克，花生吸收氮素的50%来源于根瘤菌的共生固氮，不同地区花生最佳肥料配方如下。

1.单产水平在400千克以上产区

主要花生产区包括新野、宛城区、邓州、方城平原乡镇、唐河平原乡镇、镇平南部、卧龙南部、内乡平原乡镇，氮(N)、五氧化二磷(P_2O_5)、氧化钾(K_2O)最佳施肥配方为16～8～12，施用量为50千克/亩左右。

2.单产水平在300～400千克产区

主要产区包括桐柏、唐河岗丘地区、方城岗丘地区、内乡岗丘地区、镇平北部、淅川平原乡镇，氮(N)、磷(P_2O_5)、钾(K_2O)最佳施肥配方为18～8～12，施用量为50千克/亩左右。

3.单产水平在200～300千克产区

主要产区包括南召、卧龙北部、桐柏旱薄地、内乡旱薄地、淅川旱薄地，氮(N)、磷(P_2O_5)、钾(K_2O)最佳施肥配方为20～8～12，施用量为50千克/亩左右。

(二)南阳不同花生产区花生专用肥品牌推荐

根据不同花生产区土壤肥力状况,结合推荐配方及其施用量,选择有质量保证的厂家生产的肥料,是花生高产的关键,不同花生产区主要花生专用肥品牌推荐如下。

1.单产400千克以上花生产区

花生专用肥品牌主要有:金正大、中化、天脊、史丹利、桂湖、洋丰、鄂中、骏化、红四方等。

2.单产300～400千克花生产区

花生专用肥品牌主要有:金正大、中化、天脊、史丹利、心连心,施可丰、中原大化、昊利达、宏福等。

3.单产200～300千克花生产区

花生专用肥品牌主要有:金正大、中化、天脊、史丹利、中化、芭田,洋丰、鄂中、宜化等。

(三)南阳花生施肥技术

1.花生施肥技术

花生传统的施肥技术主要是人工撒施、沟施,随着花生规模化生产的发展,花生机械化施肥技术在花生生产中所占的比例呈逐年增加的趋势;同时,花生施肥新技术也日益受到重视。当前,花生施肥新技术主要有以下几种。

(1)花生种肥同播技术　基于作物生育期间,施肥操作不易,轻简施肥的需要,随着花生规模化种植的发展,在农村劳动力日益短缺的情况下,花生种肥同播技术将成为花生扩大种植面积,保障花生持续高产和油料安全的重要的施肥新技术。主要是利用和改进当前的花生播种机械，在花生播种时，对花生进行精准施肥。

(2)花生水肥一体化技术　基于肥料中的营养物质只有在土壤适宜的含水量的范围内，才能较好地向花生提供充足的养分；充分发挥水肥的最大效率，是当前肥料施用的新技术之一。主要是利用沟灌、畦灌、喷灌、滴灌等灌溉技术，使肥料溶解在水中，对花生精准施肥。

2.春花生施肥技术

一般采用底肥撒施深翻，追肥采用肥料随水冲施。春花生由于生长期长，产量高，品质好，应加强花生生育期的水肥管理，花生水肥一体化技术应是春花生高产、优质的保障，尤其在干旱、瘠薄地区更为重要。

3.夏播花生施肥技术

近年来，随着农村劳动人口的日益减少和施肥成本的增加，夏播花生施肥向着轻简施肥方向发展，花生种肥同播对于花生规模化发展变得越来越重要，花生种肥同播一次性施肥技术已成为稳定或扩大夏花生种植面积，保障花生持续高产和油料安全的主要施肥新技术。

五、花生常用拌种剂使用技术

(一)防治地下害虫类

高巧、地鹰、护丰、25%多·福·毒、辛硫磷、吡虫啉、甲氨基阿维菌素等用来拌种,主要防治蛴螬等地下害虫,效果较好。

(二)预防根茎腐病

①2.5%咯菌腈(适乐时)拌种,每亩用量10～20毫升。

②苯醚甲环唑(世高)拌种,每亩用量10～20毫升。

③用25%或50%多菌灵可湿性粉剂,按种子重量的0.3%～0.5%拌种或50%福美双可湿性粉剂100克,拌花生种子50千克。

④按种子量0.5%～1%药剂对水配成药液浸种,以能淹没种子为准,浸泡24小时取出晾干播种。

(三)预防白绢病

①24%噻呋酰胺拌种,每亩用量15毫升。

②25%吡唑醚菌酯拌种,每亩用量15毫升。

六、花生田化学除草技术

(一)花生田常见杂草种类分布及发生规律

杂草是影响花生产量的重要因素之一，据调查，花生田因草害减产平均达5%～20%，严重的达40%～60%。随着农业生产水平的不断提高，杂草的危害越来越严重，防除杂草已成为提高花生产量的重要措施。

1.花生田主要杂草

我国地域辽阔，适应各种环境条件下生长的花生田杂草种类多、分布广、危害重。据山东省花生研究所等报道，花生田杂草约计90种，隶属26个科，发生最广、危害最重的主要杂草有7科12种。

(1)马唐　俗名暑草，禾本科，一年生草本晚春杂草，遍布全国各地。株高40～60厘米，茎秆丛生，上部直立，中部以下伏地生长。纤维根细而多，接近地面的茎节很易发生不定根，具有较强的吸水吸肥能力。1株马唐每代可产生20万～30万粒种子，每年可生2～3代，因而繁殖力很强。花生一生中均可遭其危害。

(2)莎草　俗名香附子，莎草科多年生根茎杂草。株高10～40厘米，匍匐根茎、细长，有香味并有须根。莎草喜潮湿，耐干旱。以块茎和种子繁殖，繁殖力极强。在生长季节，如只除去地上部，地下部1～2天就重新出土，人工防除较困难，蔓延甚速。花生生育期间均遭其危害。

(3)牛筋草　禾本科一年生晚春型杂草。株高20～80厘米。根系发达，须根细而稠密，吸水吸肥力强，耐干旱，秆丛生，坚韧不易拔断，故有“蹲倒驴”之称。牛筋草喜潮湿肥沃土壤，在开旷地成片生长。种子繁殖，繁殖力强。花生不同生育期均能受其危害。

(4)马齿苋 马齿苋科，一年生肉质草本杂草。茎自基部分枝，平卧或先端斜上，圆柱形，无毛。马齿苋广泛生于花生田，根系吸肥吸水力强，喜潮湿，但耐旱性极强，整株拔下暴晒数日不死。种子繁殖，植株被切成数段后，无须生根也能开花结子，所以繁殖得特别快，长期危害花生生长。

(5)铁苋菜 大戟科，一年生晚春杂草。茎直立，株高30～50厘米。吸水吸肥能力强，需水需肥量大，植株高，叶片大，遮光严重。铁苋菜广泛发生于花生田，喜湿喜光，适生于潮湿肥沃的开旷地。种子量大，种子繁殖，繁殖力强，严重危害花生生长。

(6)苋菜 俗名人苋菜，苋科，一年生杂草。茎直立、粗壮，株高50～150厘米。根系发达，具较强的吸水吸肥能力，与花生争水肥、争光能力强。苋菜适应性强。种子产生量大，1棵植株可以产生50万粒种子，因而繁殖能力强。花生一生中均能遭其危害。

(7)刺儿菜 俗名棘菜，菊科，多年生杂草。株高30～50厘米。根细长，入土很深，可达2～3米。根系较发达，吸水吸肥力强。茎直立，少分枝。刺儿菜喜多瘸殖质的微酸性至中性土壤。种子和根芽繁殖，繁殖力很强，地上部根着生越冬芽，下部根着生潜伏芽，每个芽、残茬和根段都能长成新植株。人工防除困难，对花生生育前期和中期危害较大。

(8)灰绿藜 俗名灰菜，藜科，一年生早春型杂草。茎直立、粗壮，高可达2米以上，多分枝。根系较发达，吸水、吸肥力强，需水、需肥量大。灰绿色，密生粉粒。灰绿藜喜潮湿肥沃地，耐盐碱。种子繁殖。花生一生中均可受其危害。此外，花生田藜的危害也较严重，藜的生长习性、形态特征及危害规律与灰绿藜基本相同。

(9)画眉草　俗名星星草，禾本科，一年生晚春杂草。株高30～60厘米，秆直立，多密集丛生。纤维根细而多，具有较强的吸水、吸肥能力。画眉草是花生田主要杂草之一，喜潮湿土壤，以沙质土最多。种子繁殖，种子产生量大，繁殖能力强。花生一生中均受其危害。花生田还遭小画眉草和大画眉草危害，其生长习性、形态特征与危害规律等与画眉草基本相同。

(10)狗尾草　俗名谷莠子，禾本科，一年生晚春杂草。株高30～60厘米。须根。茎直立、坚硬、有分枝、丛生。狗尾草是花生田常见杂草，适应性强，在沙丘或重碱地也有生长。种子繁殖，种子产生量大，繁殖力强，对花生生长前期和中期危害较重。

(11)稗草　俗名稗子，禾本科，一年生晚春杂草。株高60～90厘米。秆丛生、直立。纤维根细而密，具较强的吸水吸肥能力，抗旱耐涝，适应性强，几乎到处都能生长。种子繁殖，繁殖能力强。花生田还常见无芒稗，系稗草的一个变种。花生一生中均可受其危害，以生长前期和中期为重。

(12)龙葵　俗名野葡萄，茄科，一年生杂草。株高30～40厘米，茎直立，多分枝、枝开散。基部多木质化。根系较发达，吸水吸肥力强。生长势强，生长期长。植株占地范围广，遮阴严重。龙葵喜光，要求肥沃、湿润的微酸性至中性土壤。种子繁殖。植株至初霜时才能枯死，花生一生均可遭其危害。

2.花生田杂草的分布与发生、危害规律

(1)主要杂草的分布　据调查，我国北方花生田杂草主要有10个科，即禾本科、菊科、蓼科、苋科、藜科、旋花科、茄科、莎草科、豆科和大戟科。其中，种群最大的为禾本科，计有22种，占花生田杂草总数的24.7%；其次为菊科，共15种，占16.9%；再次为蓼科，6种，占6.7%；苋

科和藜科各占5种，均占5.6%；旋花科4种，占4.5%；茄科、莎草科、豆科和大戟科各3种，各占3.4%。其余16个科共计20种，总计占22.4%。

据山东省花生研究所的调查结果表明，花生田杂草密度较大、出现频率也高的有11种，平均每平方米有草株数依次为：马唐37.6株，莎草31.6株，铁苋菜9.7株，马齿苋9.3株，牛筋草8.8株，画眉草4.4株，苋菜4.2株，刺儿菜1.6株，狗尾草1.5株，稗草1.4株，灰绿。藜0.4株。密度最大的是马唐、莎草，其次是铁苋菜、马齿苋和牛筋草，均为花生时恶性杂草，是防除的主要对象。调查和研究结果还表明，田间主要杂草出现的频率同分布广度呈正相关。同一种杂草在不同地域内出现的频率有较大差异，如马唐出现频率最低为66.7%，高时为100%。花生田杂草以单子叶杂草为主，占杂草总数的63.6%，双子叶仅占36.4%。

(2)主要杂草发生、危害规律　花生田杂草有一年生、越年生和多年生3种类型，以一年生杂草为主。一年生杂草又以晚春型杂草居多，早春型杂草很少。马唐、铁苋菜、牛筋草、画眉草、稗草、苋菜、马齿苋、莎草等均为一年生的晚春杂草，整个生育期与花生共生，一生均可危害花生的生长发育。越年生杂草有荠菜、附地菜、飞镰等，对花生生长前期危害稍重。多年生杂草有刺儿菜、白茅、问荆等，以根系无性繁殖为主。

杂草影响花生产量的规律是：杂草密度愈大，与花生争光、争肥、争水的能力愈强，花生受到的危害愈严重，减产愈大。如每平方米有草240株，花生单株生产力降低94.3%；而每平方米有草少于5株，对产量影响不大。杂草与花生共生时间愈长，对产量的影响愈大，如在同样杂草密度的情况下，出苗后20天发生的杂草危害最重，减产最大；35天发生的减产次之；50天发生的减产很轻，对产量的影响不显著。

(二)花生田常用除草剂

1.甲草胺

其他名称:拉索、澳特拉索、草不绿、杂草索、灭草胺。

产品特点:本品属于选择性、内吸型、芽前土壤处理剂。杂草出土前,主要由杂草幼芽吸收(禾草的吸收部位为胚芽鞘,阔草的吸收部位为下胚轴),种子、根也可吸收,但吸收量较少,传导速度慢;杂草出土后,靠杂草根吸收。药剂被杂草吸收后,在杂草体内进行传导,抑制蛋白酶活动,使蛋白质无法合成,造成幼芽和根停止生长,使不定根无法形成。如果土壤水分适宜,杂草幼芽期不出土即被杀死,症状为芽鞘紧包生长点,稍变粗,胚根细而弯曲,无须根,生长点逐渐变为褐色至黑色烂掉。如土壤水分少,杂草出土后随着土壤湿度增加,杂草吸收药剂后而起作用,禾草表现为心叶卷曲萎缩,其他叶皱缩,整株枯死;阔草叶皱缩变黄、整株逐渐枯死。大豆、玉米、花生等对甲草胺有较强的抗药力。

制剂:43%、48%乳油。

使用技术:适用于大豆、花生、棉花、油菜、马铃薯、蔬菜、玉米、甘蔗、果园、水稻等,防除二年生的禾草、阔草,作土壤处理。在作物播栽之前或播后苗前施药,在干旱又无灌溉的情况下,应采取播前混土法,混土深度2～3厘米(不宜超过5厘米,混土过深将会降低药效)。在花生播种之前施药,或者在花生播后苗前施药。露地栽培田亩用48%乳油250～300毫升,地膜覆盖田亩用48%乳油150～200毫升。

注意事项:施药后7天内,如果降雨或灌溉,有利于药效发挥。高粱、谷子、麦类、菠菜、韭菜、瓜类等作物对本品敏感,不宜使用。

2.乙草胺

其他名称:禾耐斯、圣农施、高倍得、消草胺。

产品特点:本品属于选择性、内吸型、芽前土壤处理剂。杂草出土后,主要由杂草幼芽吸收(禾草的吸收部位为胚芽鞘,阔草的吸收部位为下胚),杂草出土后,主要靠杂草根系吸收。药剂被杂草吸收后,在杂草体内传导,抑制蛋白质酶的生成,干扰核酸代谢和蛋白质合成,使幼芽、幼根停止生长,最终死亡。如果田间水分适宜,杂草幼芽未出土即被杀死。如果土壤水分少,杂草出土后随土壤湿度增大,杂草吸收药剂后而起作用。禾草表现为心叶卷曲萎缩,其他叶皱缩,整株枯死。阔草表现为皱缩变黄,整株枯死。大豆等耐药性作物吸收本品后在体内迅速代谢为无活性物质,在正常自然条件下对作物安全,在低温条件下对大豆等作物生长有抑制作用,使其叶皱缩,根减少。

制剂:5%颗粒剂,15.7%、50%、88%、90%、90.5%、90.9%、99%、99.9%乳油,20%、40%可湿性粉剂,40%、48%、50%、90%水乳剂,50%微乳剂。99.9%乙草胺乳油是目前有效含量最高的除草剂产品。

使用技术:适用于大豆、玉米、花生、棉花、甘蔗、油菜、马铃薯、蔬菜、果园、水稻。用于旱田能防除一年生的禾草及部分小粒种子阔草,对菟丝子有良好的防效,对多年生杂草无效。用于水田能防除禾草(如稗草)、莎草(如异型莎草)、阔草。使用剂量与土壤有机质含量、土壤质地、水分状况等密切相关。土壤有机质含量高、黏性土或干旱情况下,建议采用推荐剂量高限,反之用低限。通常在花生播后苗前施药(也可在花生播种之前施药),亩用 90%乳油 57.8～94.4 毫升或 50%乳油 100～160 毫升。

注意事项:①田块要整细整平,使土壤均匀着药,以保证药效。②旱田施药前后保持土壤湿润,有利于药效发挥。若天气干旱、土壤湿度小,应加大对水量或施药后混土、镇压。③旱田施药后遇雨,应注意雨后排水,以免积水发生药害。④在土壤中通过微生物降解,对后茬作物无影响。在土壤中持效期1.5个月。

3.异丙甲草胺

其他名称:都耳、稻乐思、杜尔、杜耳、屠莠胺、毒禾胺、甲氧毒草胺。

产品特点:本品属于选择性、内吸型、芽前土壤处理剂。杂草出土前,主要由杂草幼芽吸收(禾草的吸收部位为胚芽鞘,阔草的吸收部位为下胚轴),种子、根也吸收,但吸收量少,传导速度慢;杂草出土后,主要靠杂草根吸收。药剂被杂草吸收后,在杂草体内进行传导,主要抑制蛋白酶活动,使蛋白质无法合成,其次抑制胆碱渗入磷脂,干扰卵磷脂形成,造成幼芽和根停止生长、敏感杂草在发芽后出土前或刚刚出土即中毒死亡,表现为芽鞘紧包着生长点,稍变粗,胚根细而弯曲,无须根、生长点逐渐变褐色、黑色烂掉。如果土壤墒情好,杂草被杀死在萌芽期。如土壤水分少,杂草出土后随着土壤湿度增加,杂草吸收药剂后而起作用,禾草表现为心叶卷曲萎缩,其他叶皱缩,整株枯死,阔草叶皱缩变黄,整株逐渐枯死。

制剂:70%、72%乳油。

使用技术:适用作物较多,旱田作物如大豆、花生、棉花、油菜、烟草、玉米、甘蔗、蔬菜、西瓜、马铃薯、果树等,水田作物如水稻(移栽田),防除禾草、阔草、莎草,如稗草、狗尾草、马唐、牛筋草、马齿苋、碎米莎草、油莎。对铁苋菜等防效差。由于禾草幼芽吸收本品的能力比阔草强,因而防除禾草的效果远远好于阔草。在花生播种之前或播后苗前施药,亩用72%乳油100~150毫升。

注意事项:在土壤中持效期30~35天。

4.精异丙甲草胺

其他名称:金都尔、高效异丙甲草胺。

产品特点:同"异丙甲草胺"。

制剂：96%乳油。

使用技术：适用作物较多，旱田作物如大豆、花生、棉花、油菜、烟草、玉米、甘蔗、蔬菜、西瓜、甜菜、芝麻、马铃薯、向日葵、果树等，水田作物如水稻（移栽田），防除禾草、阔草、莎草。在花生播后苗前施药，亩用96%乳油45～60毫升，加水30～50千克喷雾。

注意事项：①以小粒种子繁殖的一年生蔬菜如苋菜、香菜、西芹等对本品敏感，不宜使用。②大豆田若采用苗后喷雾施药，会引起大豆脚叶黄化，生长暂时受到抑制，但对产量无明显影响。③小拱棚（弓棚）作物施药后，如膜内温度过高，应及时揭开棚两端的塑料薄膜，通风降温，以防发生药害。④本品禁止用于水稻秧田、直播田、抛秧田。在移栽田，若苗小、苗弱、栽后未返青均易产生药害，施药不均匀也易生药害。⑤在土壤中持效期50～60天，基本上可以控制作物整个生育期间的杂草危害。

5. 丙炔氟草胺

其他名称：速收、司米梢芽。

产品特点：本品属于选择性、触杀型、芽前土壤处理剂。由杂草幼芽、叶吸收。抑制叶绿素的合成，造成敏感杂草迅速凋萎、白化、坏死及枯死。

制剂：50%可湿性粉剂。

使用技术：适用于大豆（春大豆、夏大豆）、花生。能防除一年生的阔草。对一年生禾草如稗草、狗尾草、金狗尾草、野燕麦和多年生阔草如苣荬菜有一定的抑制作用。通常做土壤处理，也可作茎叶处理。在花生播后、苗前施药，亩用50%可湿性粉剂5.3～8克，加水30～50千克喷雾。

注意事项：对于起垄播种的大豆，若在施药后培土2厘米左右，既可防止风蚀，获得稳定的防效，又可防止降大雨造成药剂随雨水滴溅到大豆叶片上产生药害。本品在大豆拱土期施药或播后苗前施药不混土、大豆幼苗期遇暴雨会造成触杀型药害,是外伤,不向体内传导,短时间内可恢复正常生长,有时药害虽表现明显,但对产量影响甚小。

6.氟乐灵

其他名称:氟利克、特氟方、特福力、氟特力、茄科宁。

产品特点:本品属于选择性、内吸型、芽前土壤处理剂。主要由杂草幼芽在穿过土层的过程中吸收(禾草的吸收部位为胚芽鞘,阔草的吸收部位为下胚轴),子叶、幼根也能吸收,但吸收后很少向其他部位传导。杂草受害后,细胞停止分裂,根尖分生组织细胞变小、厚而扁,皮层薄壁组织中的细胞增大,细胞壁变厚。由于细胞中的液胞增大,使细胞丧失极性,产生畸形,呈现“鹅头”状的根茎。典型症状是抑制生长,根尖与胚轴组织细胞体积显著膨大。杂草出苗后其茎、叶不能吸收。

制剂:48%乳油。

使用技术:适用于大豆、花生、玉米、棉花、马铃薯、蔬菜、水稻、果园等,防除禾草、阔草。对禾草的防效优于阔草。如大豆,在大豆播前5～7天施药,或者在大豆播后苗前施药。亩用48%乳油125～175毫升。若土壤有机质含量在3%以下,亩用48%乳油60～110毫升;若有机质含量为3%～5%,亩用110～140毫升;若有机质含量为5%～10%,亩用140～170毫升;若有机质在10%以上,本品施用后会被土壤严重吸附,防效下降,需加大用药量但不经济,应改用其他除草剂。

注意事项:①施入土壤后,由于挥发、光解、微生物和化学作用而逐渐降解消失,其中挥发和光降解是其降解的主要因素。施药后最初几小时内的损失最快,潮湿和高温会加快其降解速度。本品易挥发和光解,施药后应及时混土5～7厘米深。从施药到混土的间隔时间一般不能超过8小时,否则会影响药效。②天气干旱时,应在施药后立即混土、镇压,保持墒情。③施药后如果降雨或者灌溉,有利于药效发挥。④瓜类、育苗韭菜、直播小葱、菠菜、甜菜、玉米、高粱等对本品敏感,不宜使用。⑤持效期长,在北方低温、干旱地区可长达 10～12 个月。

7.仲丁灵

其他名称:地乐胺、锄地灵、丁乐灵、双丁乐灵、硝苯胺灵。

产品特点:本品属于选择性、内吸型、芽前土壤处理剂。木品还可用于烟草抑制腋芽生长。药剂被杂草吸收后,进入杂草体,主要抑制分生组织的细胞分裂,从而抑制杂草幼芽及幼根的生长,导致杂草死亡。

制剂:48%乳油。

使用技术:适用于大豆、花生、棉花、马铃薯、蔬菜、甜菜、西瓜、水稻、甘蔗、苜蓿、向日葵等,防除禾草、阔草。对大豆菟丝子有很好的防效。大豆亩用 48%乳油 198～250 毫升,花生 150～302.1 毫升,西瓜 150～200 毫升。

8.二甲戊灵

其他名称:施田补、除草通、杀草通、菜草通、胺硝草、二甲戊乐灵。

产品特点;本品属于选择性、内吸型、芽前土壤处理剂。本品还可用于烟草抑制腋芽生长。由杂草幼芽、茎、根吸收(禾草的吸收部位为胚芽鞘,阔草的吸收部位为下胚轴)。不影响杂草种子的萌发,而是杂草种子在萌发过程中幼芽、茎、根吸收药剂后而起作用。主要抑制分生组织细胞分裂,使幼芽和次生根的生长被抑制,导致杂草死亡。

制剂:20%、30%悬浮剂,33%乳油,45%微囊悬浮剂。

使用技术;适用于大豆、花生、玉米、棉花、蔬菜(甘蓝、韭菜)、水稻、烟草、果园等,防除禾草、阔草。对禾草的防效优于阔草。在花生播种之前施药,或在花生播后苗前施药,亩用 33%乳油 150～300 毫升,加水 30～50 千克喷雾。

注意事项:在作物播后、苗前作土壤处理的,应在播种后覆土 2～

3 厘米,避免种子与药土层接触。在作物播后苗前施药,最好施药后浅混土。为减轻本品对作物的药害,作土壤处理时,应先施药后浇水,这样可增加土壤吸附,减轻药害。持效期长达 45～60 天。

9.吡氟禾草灵

其他名称:稳杀得、稳杀特、氟草除、氟草灵、氟吡醚、氟吡禾草灵。

产品特点:本品属于选择性、内吸型,苗后茎叶处理剂。主要由杂草茎叶吸收,施入土壤中的药剂也可由杂草根吸收。一般在施药 2 天后,即可出现中毒症状,即停止生长,随之在芽和节的分生组织出现枯斑,心叶和其他部位叶片逐渐变成紫色和黄色,枯萎死亡。药效发挥较慢,一般施药 15 天后才能杀死一年生杂草。杂草种类和生长大小不同时,耐药性也有差异。在低用量下或禾草生长较大、干旱条件下,不能完全杀死杂草,但对残留株有强烈的抑制作用,根尖发黑、地上部生长短小、结实率减少。由于其传导性强,可达地下茎,因此对多年生禾草也有较好的防除作用。

制剂:35%乳油。

使用技术:适用于大豆、花生、棉花、油菜、甜菜、苗圃、亚麻、芝麻、西瓜、甘蓝、大白菜、菜心、马铃薯等许多阔叶作物,防除禾草,如稗草、马唐、狗尾草、牛筋草、野燕麦、看麦娘、雀麦、臂形草等。提高剂量可防除多年生禾草,如芦苇、狗牙根、双穗雀稗。

10.精喹禾灵

其他名称:精禾草克、精克草能、高效盖草灵。

产品特点:本品属于选择性、内吸型、苗后茎叶处理剂。精喹禾灵是在合成喹禾灵的过程中去除了非活性的光学异构体(L-体)后的改良精制品。精喹禾灵的作用机制和杀草谱与喹禾灵相似。精喹禾灵与喹禾灵相比,提高了被杂草吸收速度和在杂草体内的移动性,所以作用速度更快，药效更加稳定，不易受雨水、气温、湿度等环境条件的影响。精喹禾灵药效提高了近 1 倍，亩用量减少，对环境更加安全。由杂草茎叶吸收。药剂被杂草吸收后，在杂草体内向上和向下双向传导，积累在顶端及居间分生组织，抑制细胞脂肪酸合成，使杂草坏死。

制剂：5％、8％、8.8％、10％、10.8％、15％、15.8％、17.5％、20％乳油，5％、8％微乳剂，60％水分散粒剂。

使用技术：适用于大豆、花生、棉花、油菜、甜菜、苗圃、亚麻、芝麻、西瓜、甘蓝、大白菜、菜心、马铃薯等许多阔叶作物，防除一年生、多年生的禾草。对阔草、莎草无效。施药期较宽，在禾草基本出齐、处于 3～5 叶期、生长旺盛、地上部分较大、易吸收较多药液时施药、效果最佳。当杂草叶龄较大时，适当增加用药量也可达到很好的防效。花生田亩用 5％乳油 50～80 毫升，对水 30～50 千克喷雾。

注意事项：施药时土壤水分充足和空气湿度较大有利于杂草对本品的吸收和传导，防效良好。长期干旱无雨（空气相对湿度低于 65％）、低温时不宜施药。若长期干旱，可待降雨后或灌水后水分状况得到改善再施药，虽然时间拖后，但比降雨前或灌水前施药的效果要好。在高温干旱条件下施药，杂草茎叶不能充分吸收药剂，此时要用较高剂量。施药后 2 小时内应无雨。降解速度快，主要以微生物降解为主。土壤中半衰期在 1 天之内。

11. 精噁唑禾草灵

其他名称：高噁唑禾草灵、威霸、普净、维利、骠马、精骠、大骠马。

本品有 4 种类型的产品：第一类不含安全剂，登记用于阔叶作物；第二类不含安全剂，登用于水稻；第三类含有安全剂，登记用于小麦；第四类含有安全剂，登记用于大麦。

（1）第一类，精恶唑禾草灵（不含安全剂，登记用于阔叶作物）。

其他名称:威霸、普净。

产品特点:本品属于选择性、内吸型、苗后茎叶处理剂。由杂草茎叶吸收。药剂被杂草吸收后,传导到叶基、节间分生组织、根的生长点,迅速转变成苯氧基的游离酸,抑制脂肪酸进行生物合成,损坏杂草生长点、分生组织。作用迅速,施药后 2～3 天内杂草停止生长,5～7 天心叶失绿变紫色,分生组织变褐,然后分蘖基部坏死,叶片变紫逐渐枯死。在耐药性作物中分解成无活性的代谢物而解毒。

制剂:用于旱地的不含安全剂的产品,如 6.9％、8.05％水乳剂,10％普净乳油。

使用技术:适用于大豆、花生、棉花、油菜、甜菜、苗圃、亚麻、芝麻、西瓜、甘蓝、白菜、菜心、马铃薯等许多阔叶作物,防除一年生、多年生的禾草,如看麦娘,野燕麦。狗尾草,马唐、稗草。施药期较宽。在禾草基本出齐、处于 3～5 叶期,生长旺盛、地上部分较大、吸收较多药液时施药,效果最佳。当杂草叶龄较大时,适当增加用药量也可达到很好的防效。亩用 6.9％乳剂 40～70.7 毫升(折有效成分 2.76～4.88 克)、8.05％乳剂 35.2～50 毫升(折有效成分 2.83～4.03 克)或 10％乳油 40～60 毫升(折有效成分 4～6 克)。采取喷雾法施药。花生田亩用 6.9％水乳剂 43.5～59.9 毫升、8.05％水乳剂 35.1～50 毫升或 10％乳油 40～50 毫升,对水 30～50 千克喷雾。

(2)第二类,精噁唑禾草灵(不含安全剂,登记用于水稻),略。

(3)第三类,精噁唑禾草灵＋安全剂(登记用于小麦),略。

(4)第四类,精噁唑禾草灵＋安全剂(登记用于大麦),略。

12. 精吡氟禾草灵

其他名称:精稳杀得。

产品特点:本品属于选择性、内吸型、苗后茎叶处理剂。精吡氟禾草灵是有效成分中除去了非活性部分(S-体)的精制品(R-体)。精吡氟禾草灵15%乳油和吡氟禾草灵35%乳油用相同商品制剂量时,其除草效果一致。由杂草茎叶吸收。药剂被杂草吸收后,进入杂草体内,水解成酸的形态,经木质部和韧皮部传导到生长点及节间分生组织,干扰杂草的三磷酸腺苷(ATP)的产生和传递,破坏光合作用和抑制禾草的茎节和根、茎、芽的细胞分裂,阻止其生长。

制剂:15%乳油;混剂有55%精吡氟禾草灵·乙草胺乳油。

使用技术:适用于大豆、花生、棉花、油菜、甜菜、苗圃、亚麻、芝麻、西瓜、甘蓝、大白菜、菜心、马铃薯等许多阔叶作物,防除一年生、多年生的禾草。对阔草、莎草无效。施药期较宽。在禾草基本出齐、处于3～5叶期、生长旺盛、地上部分较大、易吸收较多药液时施药,效果最佳。当杂草叶龄较大时,适当增加用药量也可达到很好的防效。防除一年生禾草,于禾草2～3叶期施药亩用15%乳油33～50毫升,于禾草4～5叶期施药亩用50～67毫升,于禾草5～6叶期施药亩用67～80毫升;防除多年生禾草,如株高20～60厘米的芦苇,若用飞机喷雾亩用80毫升,若用拖拉机喷雾机和背负式手动喷雾器喷雾亩用133毫升。登记亩用15%乳油33.3～66.7毫升。

注意事项:施药时土壤水分充足和空气湿度较大有利于杂草对本品的吸收和传导,防效良好。长期干旱无雨(空气相对湿度低于65%)、低温时不宜施药。若长期干旱,可待降雨后或灌水后水分状况得到改善之后再施药,虽然时间拖后,但比降雨前或灌水前施药的药效要好。在高温干旱条件下施药,杂草茎叶未能充分吸收药剂,此时要用较高剂量。施药后2小时内应无雨。

13. 高效氟吡甲禾灵

其他名称:高效盖草能、高效吡氟氯草灵、右旋吡氟氯草灵、右旋吡氟乙草灵、精吡氯禾灵、精盖草能。

产品特点：本品属于选择性、内吸型、苗后茎叶处理剂。高效盖草能是盖草能的第二代升级产品，在同等剂量下，前者比后者活性高，药效稳定，受干旱、低温、雨水等不利环境条件影响小。

由杂草茎叶吸收。药剂施用后，能很快被禾草叶子吸收，传导至整个植株，积累于杂草分生组织，抑制杂草体内乙酰辅酶 A 羧化酶，导致脂肪酸合成受阻而杀死杂草。喷洒落入土壤中的药剂易被杂草根部吸收，也能起杀草作用。杂草吸收药剂后很快停止生长，幼嫩组织和生长旺盛的组织首先受抑制。施药后 2 天可观察到杂草受害症状，首先是芽和节等分生组织部位开始变褐，然后心叶逐渐变紫、变黄，直到全株枯死。老叶表现症状稍晚，在枯萎前先变紫、橙或红。从施药到杂草死亡一般需 6～10 天。在低剂量、杂草较大或干旱条件下，杂草有时不会完全死亡，但受药杂草生长受到严重的抑制，表现为根尖发黑，地上部短小，结实率极低等。杂草的死亡速度因杂草的种类、叶龄不同而稍有不同。例如，防除一年生禾草，在推荐剂下，2～3 叶期施药，2 天心叶开始枯死，6～8 天全株死亡；4～5 叶期施药，5 天心叶开始枯死，10 天全株死亡；6 叶后施药，完全死亡时间还要稍长。对于多年生禾草，如芦苇，亩用 10.8%乳油 50 毫升，在株高 20 厘米以下时施药，6～8 天全株死亡；在株高 20～30 厘米时施药，8～15 天枯死；在株高 40 厘米以上时施药，20 天全株枯死。

制剂：10.8%、15.8%乳油。

使用技术：适用于大豆、花生、棉花、油菜、甜菜、苗圃、亚麻、芝麻、西瓜、甘蓝、大白菜、菜心、马铃薯等许多阔叶作物。本品对阔叶作物安全。有人总结说，本品可用于除了水稻、小麦、大麦、玉米、高粱、谷子、甘蔗等禾本科作物之外的几乎所有作物。能防除一年生、多年生的禾草（对从出苗到分蘖、抽穗初期的禾草有很好的根除效果)。对阔草、莎草无效。作茎叶处理,施药期较宽。在禾草基本出齐、处于3～5叶期、生长旺盛、地上部分较大、易吸收较多药液时施药,效果最佳。当杂草叶龄较大时,适当增加用药量也可达到很好的防效,登记亩用10.8%乳油18.5～50毫升。防除棉花、春大豆等处的芦苇,登记亩用10.8%乳油60～90毫升。采取喷雾法施药。施药后1小时降雨对药效影响不大。

14.恶草酮

其他名称:农思它、恶草灵。

产品特点:本品属于选择性、触杀型、芽前土壤处理剂/苗后早期茎叶处理剂。在杂草出苗前后,由杂草幼芽或幼苗接触吸收。在光照条件下才能发挥杀草作用,但并不影响光合作用的希尔反应。作土壤处理时,通过杂草幼芽或幼苗与药剂接触吸收而引起作用。作苗后早期茎叶处理时,杂草通过地上部分吸收,药剂进入杂草体后积累在生长旺盛部位,抑制生长,致使杂草组织腐烂死亡。杂草自萌芽至2～3叶期均对本品敏感,以杂草萌芽期施药效果最好,随着杂草长大效果下降。在水田施药后,药剂很快在水面扩散,迅速被土壤吸附,因此,向下移动是有限的,也不会被根部吸收。

制剂:12%、12.5%、13%、25%乳油。

使用技术:适用于水稻(秧田、直播田、抛秧田、移栽田)、陆稻、甘蔗、大豆、花生、棉花、马铃薯、蔬菜、果园、茶园、草坪等。用于水田能防除一年生和多年生的阔草、莎草、禾草。用于旱田能防除阔草、禾草。施药方法灵活,瓶甩、泼浇、滴灌、毒土、喷雾等均可。花生田在花生播后苗前施药,亩用100～150毫升,对水30～50千克喷雾。

注意事项:在杂草萌芽至2～3叶期施药防效最佳。随杂草生长防效下降,对成株期杂草基本无效。在杂草出土后施药。要在有光照条件下才能发挥杀草作用。在移栽田，若苗小、苗弱或水层淹过水稻心叶，均易产生药害。在土壤中代谢较慢，半衰期 2～6 个月。

15. 甲咪唑烟酸

其他名称：百垄通、咪唑烟草、甲基咪草烟。

产品特点：本品属于选择性、内吸型、芽前土壤处理剂。通过抑制乙酰乳酸合成酶，阻止支链氨基酸如缬氨酸、亮氨酸、异亮氨酸的生物合成，从而破坏蛋白质的合成，干扰 DNA 合成及细胞分裂与生长，最终造成杂草死亡。受害症状为：禾草吸收药剂后 8 小时即停止生长，1～3 天后生长点及节间分生组织变黄、变褐坏死，心叶变黄紫色枯死。

制剂：24％水剂。

使用技术：适用于花生、甘蔗等，防除禾草、阔草、莎草。在花生播后苗前施药，亩用 24％水剂 20～30 毫升喷雾。

16. 烯禾啶

其他名称：拿扑净、稀禾定、乙草丁、硫乙草灭。

产品特点：本品属于选择性、内吸型、苗后茎叶处理剂；由杂草茎叶吸收。药剂施用后，能被禾草茎叶迅速吸收，并传导到顶端和节间分生组织，使其细胞分裂遭到破坏。由生长点和节间分生组织开始坏死，杂草受药 3 天后停止生长，7 天后新叶褪色或出现花青素色，2～3 周内全株枯死。传导性较强，在禾草 2 叶期至 2 个分蘖期间均可施药。在禾本科与双子叶植物间选择很高，对阔叶作物安全。

制剂：12.5％、20％乳油，12.5％机油乳油、25％机油乳油。含机油的产品能显著提高药效，一般可减少 25％的有效成分用量，而且在干旱条件下施药也能获得稳定的防效。

使用技术：适用于大豆、花生、棉花、油菜、甜菜、亚麻等阔叶作物，防除一年生、多年生的禾草，如稗草、野燕麦、狗尾草、马唐、牛筋草、看麦娘等，适当提高用量也可防除白茅、匍匐冰草、狗牙根等。早熟禾、柴羊茅等抗药性较强。于禾草2～6叶期施药。防除一年生禾草亩用20%乳油66.5～100毫升或12.5%机油乳油66.4～100毫升，对水30～50千克喷雾；防除多年生禾草需适当增加用药量。

注意事项：对于20%乳油，若配药时加入柴油130～170毫升/亩，在药效稳定的情况下，可减少约30%的用药量。耐雨性好，施药后降雨基本不影响药效。在土壤中持效较短，施药后当天可播种阔叶作物，播种禾谷类作物需在施药后4周。

（三）花生除草剂使用技术

为了达到安全、高效的除草目的，就必须采取恰当、准确的施药方法。把除草剂投放到靶标的适当部位或适宜的范围内，以利于杂草充分吸收而被杀死，并保护农作物不受损害，常用的施药方法主要有播种前及播种后的土壤处理和生长期的茎叶处理。除草剂有单用又有混用，如果使用不当，不仅达不到理想的除草效果，浪费药剂并白费功夫，而且还会对当季作物或后茬作物造成严重药害。

1.除草剂使用技术

（1）除草剂的使用方法　除草剂的使用方法有2种，即茎叶处理和土壤处理，土壤处理又可分播前土壤处理和播后土壤处理。

①茎叶处理：将除草剂直接喷洒在植物茎叶上的方法叫茎叶处理。这种方法一般在杂草出苗后进行，除草剂的茎叶处理剂的使用，喷在茎叶上，因此应该对作物绝对安全。需要用灭生性除草剂防除杂草时，实行苗前处理或定向喷雾（保护性施药），在喷雾器上装上挡板或防护罩，使药液不能接触到作物上，以消灭行间杂草。在作物高大时，压低喷头喷洒。背负式喷雾器每公顷喷药液450～750升，雾滴要细，以便在叶面

上黏附。有风时防止雾滴飘移到邻近的敏感作物上，并防止漏喷、重喷。除草剂的水剂、乳油、可湿性粉剂均可对水喷雾，但可湿性粉剂配成的药液在喷药时，要边搅拌边施药，似免发生沉淀。堵塞喷头。为了增加效果，可在药液中加入药量0.1%左右的湿润剂、展着剂，如常见的洗衣粉等。

低容量或超低容量喷雾法近年来已成为一项新的施药技术。这种喷雾技术把每亩0.15～0.20升的药液，分散成直径为50～100微米小雾滴均匀覆盖。一般不用加水，节约用药、操作方便、劳动强度低、效果好。但效果优劣要受风力、风向的影响，适宜风速1～3米/秒时进行。

②土壤处理：土壤处理就是将除草剂用喷雾，喷洒、泼浇，浇水、喷粉或毒土等方法施到土壤表层或土壤中，形成一定厚度的药土层，接触杂草种子、幼芽、幼苗及其他部分（如芽鞘）吸收而杀死杂草、一般多用常规喷雾处理土壤，播种前施药叫播前土壤处理，播后苗前施药叫播后苗前土壤处理。

(2)除草剂的使用时间　除草剂的使用时间分3个时期：一是播前没有作物生长，用除草剂对杂草进行茎叶处理或土壤处理消灭杂草称播前土壤处理；二是作物播种后，用除草剂封闭土壤，称播后苗前土壤处理；三是在作物生长期，一般用选择性强的除草剂进行茎叶喷雾杀死杂草为茎叶处理。在作物播种前使用除草剂将杂草杀死然后再播种。必要时创造条件，诱发杂草萌芽，将杂草杀死，药效过后播种，这样对作物安全。如稻田施用五氯酚钠，在杂草被消灭、药效过后再播种。播后苗前处理又称芽前处理，就是在作物种子播种后出苗前使用除草剂。这个时期比较短仅几天时间，要科学严格掌握，气温高时，作物种子萌发出土快，温度低时出土慢。如白菜、萝卜等在正常情况下3天出土，玉米、大豆等5～6天出土，芫荽、菠菜等播后需7～15天出土，根据情况在苗前用上除草剂。播后苗前土壤处理防除杂草的效果较好,但施药不及时,会影响出苗和产生药害,将要出苗或已出苗的作物千万不能再使用除草剂,以免形成药害。茎叶处理就是在作物生长时期用药剂防除杂草。在这个时期使用的除草剂需要有很好的选择性,即对杂草敏感选择性强,而又在作物抵抗性比较强的时期进行,或者使用有定向喷雾装置的喷雾器喷雾。

2.施用除草剂的技术要求

施用除草剂的目的是消灭田间杂草,保证作物安全生长,没有药害。因此,应根据杂草、农药、工具、环境条件选用不同的施药方法,掌握安全、高效的使用技术。

七、花生主要病、虫害识别及防治方法

(一)常用杀菌剂的分类

①无机杀菌剂。如硫黄粉、石硫合剂、硫酸铜、升汞、石灰波尔多液、氢氧化铜、氧化亚铜等。

②有机硫杀菌剂。如代森铵、敌锈钠、福美锌、代森锌、代森锰锌、福美双等。

③有机磷、砷杀菌剂。如稻瘟净、克瘟散、乙磷铝、甲基立枯磷、退菌特、稻脚青等。

④取代苯类杀菌剂。如甲基托布津、百菌清、敌克松、五氯硝基苯等。

⑤唑类杀菌剂。如粉锈宁、多菌灵、恶霉灵、苯菌灵、噻菌灵、戊唑醇、烯唑醇、三唑醇

⑥抗生素类杀菌剂。如井冈霉素、多抗霉素、春雷霉素、农用链霉素、抗霉菌素 120 等。

⑦复配杀菌剂。如灭病威、双效灵、炭疽福美、杀毒矾 M8、甲霜铜、DT 杀菌剂、甲霜灵·锰锌、拌种灵·锰锌、甲基硫菌灵·锰锌、广灭菌乳粉、甲霜灵—福美双可湿性粉剂等。

⑧其他杀菌剂。如甲霜灵、菌核利、腐霉利、扑海因、灭菌丹、克菌丹、特富灵、敌菌灵、瑞枯霉、福尔马林、高脂膜、菌毒清、霜霉威、喹菌酮、烯酰吗啉·锰锌等。

(二)用药注意事项

1.注意药剂质量

市场销售的多菌灵,多为50%的可湿性粉剂和40%的胶悬剂。不论哪一种剂型都应选用优质产品,还要注意产品的有效期,生产日期为一年以内的最好,超过这个期限的应酌情增加用量,完全失效的杜绝使用。

2.注意使药方法

叶面喷施杀虫农药时,要对花生叶片正反面都进行均匀喷施,喷药6～8小时内若遇雨,要重喷。药剂灌根时,要注意灌根深度,过浅效果较差,尤其是对发病根系,要使药剂与根系充分接触。

(三)常见叶部病害

1.特征(识别)

(1)叶斑病　它主要有褐斑病、黑斑病,是我国主要的花生病害,一般减产10%～20%。

叶斑病

(2)网斑病　它又称污斑病、网纹斑病、泥褐斑病等。近年来蔓延迅速,许多地方为害程度已超过黑斑病和褐斑病,一般减产20%左右,严重时可达30%以上。

网斑病

(3)疮茄病　近年在一些地方发现的病害。叶片正反两面出现大量1毫米左右的病斑,均匀分布于整个叶片或集中分布在近中脉处。发病后,上部叶片边缘卷起,中间凹陷。

疮茄病

(4)焦斑病　常产生焦斑和胡麻斑2类症状。

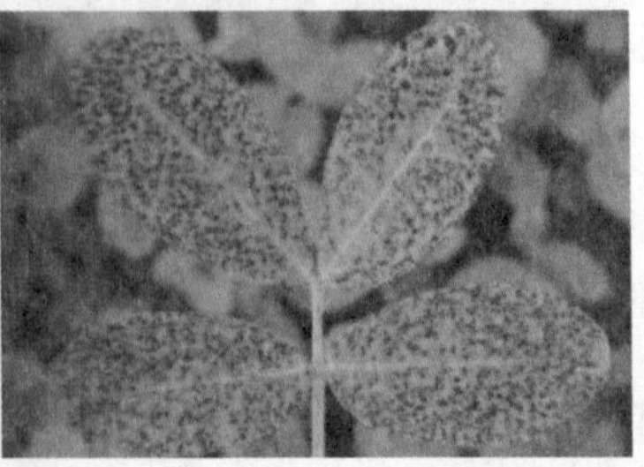

焦斑病

(5)轮斑病与炭疽病　轮斑病的病斑圆形或近圆形,通常在叶尖或叶缘形成,具轮纹,上生黑色霉层,叶片坏死边缘有一条清晰的黄色晕圈。炭疽病的病斑多从下部叶开始,表逐渐向上扩展,多在叶幽缘或叶尖产生大病斑,病斑多不规则,病斑上有许多不明显的小黑点。

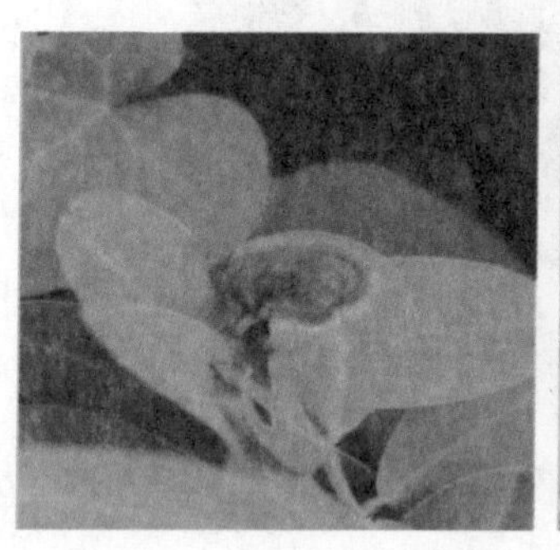

轮斑病

炭疽病

(6)灰斑病　病斑近圆形或不规则形,后期病斑中央渐变成浅红褐色至枯白色,边缘有一个红棕色的环,多个病斑经常连成一片,且常破裂。

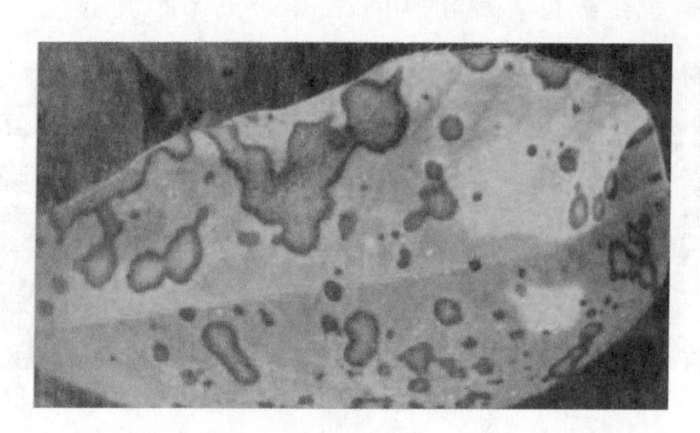

灰斑病

(7)圈绒泡菌　圈绒泡菌是一种会"跑"的病原菌,为原生动物,但能够产生孢子,在孢子分生阶段,孢子传播快,危害茎叶,严重影响花生的光合作用,造成减产。

圈绒泡菌

(8)青枯病 花生从幼苗期至荚果充实期均可发生,但以花期发病最重。感病初期顶梢第2片叶首先表现失水萎蔫,早晨延迟开展,午后提前闭合,白天虽现凋萎,晚上还能恢复。然后病株叶片自上而下急速凋萎下垂,叶片变为灰绿,病株拔起可见主根尖端变褐湿腐,根瘤呈墨绿色,根部横切面可见环状排列的浅褐色至黑色小点,根部纵切面可见维管束变为淡褐色至黑色,湿润时用手挤压可见菌脓流出。

青枯病

2.防治方法

(1)农业防治 常年种植花生的地块,如上年度有叶部病害发生,应重视病害的防治。最好的办法是轮作,如不轮作,要选择种植较为抗病的品种。

(2)化学防治　经国家产业技术体系多年试验,金极冠(10毫升)3 000倍液、阿米妙收(40毫升)1 500倍液,于盛花生期每7～10天喷1次,连喷3次,可以较好地预防叶斑病、网斑病,试验增产效果可达20%以上。防治疮茄病较好的药剂为70%甲基托布津、世高、爱苗、阿米妙收,可于病害初发生时用药,也可预防用药,用药时期及方法同叶斑病,用药量见说明书。焦斑病、炭疽病采用防治叶斑病的防治方法也有较好防治效果。轮斑病采用喷腐霉利或异菌脲有较好防治效果。圈绒泡菌用波尔多液、36%甲基硫菌灵悬浮剂500倍液、50%苯菌灵可湿性粉剂1 000倍液、100～200国际单位链霉素、80%代森锰锌600～1 000倍液或30%噁霉灵1 000倍液进行防治均有较好效果。青枯病的最好防治方法为种植抗病品种。远杂9102为高抗青枯病品种。

(四)常见茎、根、荚果病害特征及防治

1. 花生冠腐病

冠腐病

(1)特征　在湿润的土壤环境下，花生种子可被侵害，导致出苗前腐烂。花生成株期接触土壤表面的茎基部易受侵染，沿主茎或枝条向上扩展。

(2)防治　实施轮作，播种不宜过深，及时排除田间积水，除草松土时不要伤及根部。实施药剂拌种(多菌灵或适乐时)。

2.花生立枯病

(1)特征　花生出苗前发病，造成种子腐烂，幼苗病斑主要出现在位于土壤表面以下的胚轴区。

(2)防治　播种不易过深。药剂拌种(多菌灵或适乐时)。

3.黄曲霉

(1)特征　主要发生在花生出苗前。被侵染的种子在土壤中遇到合适的水分条件，种子快速腐烂，生出大量黄色霉菌。

(2)防治　精选种子，不用发霉花生作种子。提高播种质量，足墒下种。

4.白绢病

白绢病

(1)特征　主要发生在长花生生长后期。病菌从茎基部和根部入侵,环境适宜时,菌丝迅速蔓延至花生中下部近地面的茎秆及病株周围的土壤表面,形成一层白色绢丝状的菌丝层。后期病部菌丝层中形成很多菌核,菌核一般似油菜籽大小。

(2)防治　适时化控,保持花生通风良好。发病严重地块,发病初期用菌核净、异菌脲、戊唑醇等药剂灌根或茎部喷施。对于这些田块,关键要种植抗病品种,并于播种前用多菌灵等杀菌剂拌种,防止种子带菌。

5. 茎腐病

茎腐病

(1)特征　该病从苗期到成熟均可发生。苗期和成株期为两个发病高峰,以根颈部和茎基部受害最重。发病初期,叶色变淡,午间叶柄下垂,复叶闭合,早晨尚可复原。随着病情发展,地上部萎蔫枯死。

(2)防治　该病的最好防治方法是药剂拌种,即在花生播种前用25%或50%多菌灵可湿性粉剂,按种子重量的0.3%～0.5%拌种或按种子量0.5%～1%药剂对水配成药液浸种,以能淹没种子为准,浸泡24小时取出播种。

对没有进行药剂拌种的地块,根茎腐病发病初期选用50%的纯粉多菌灵可湿性粉剂500倍液加5%井冈霉素水剂100～150毫升,混合喷雾,7～10天喷1次,连续喷2～3次。

对根茎腐病发病严重的地块，可用70%甲基托布津可湿性粉剂500倍液加5%井冈霉素水剂100～150毫升进行灌根防治。

6. 根腐病

根腐病

(1)特征　全生育期均可发病。侵染刚萌发的种子，造成烂种；幼苗受害，主根变褐，植株枯萎。成株受害，主根根颈上出现凹陷长条形褐色病斑，根端呈湿腐状，皮层变褐腐烂，易脱离脱落，无侧根或极少，形似鼠尾。潮湿时根颈部生不定根。病株地上部矮小，生长不良，叶片变黄，开花结果少，且多为秕果。

(2)防治　同茎腐病。

7. 菌核病

菌核病

(1)特征 可为害叶片、茎秆、根及荚果等,叶片上有褐色近圆形病斑,有轮纹。根茎部受害后呈褐色坏死。潮湿时病部密生灰褐色霉层。后期根茎皮层与木质部间有黑色菌核。

(2)防治 轮作 3 年以上。及时清除田间病株,集中烧毁。发病严重的地块,实行秋季深耕,使遗留在土壤表层的菌核埋入地下而死亡,同时又可使田间病株残体一同被深埋。药剂防治可用 50%扑海因可湿性粉剂 1 000～1 500 倍液或 50%速克灵可湿性粉剂 1 500～2 000 倍液喷雾防治。

8.纹枯病

纹枯病

(1)特征 花生纹枯病主要发生在成株期。叶片染病在叶尖或叶缘出现暗褐色病斑,渐向内扩展病斑连片成不规则云纹斑。湿度大时,下部叶片腐烂脱落,并向上部叶片扩展,在腐烂叶片上生白色菌丝和菌核,菌核初白色后变暗褐色。茎部染病形成云纹状斑,严重时造成茎枝腐烂,植株易倒伏。果柄、果荚染病果柄易断,造成落果。后期病部产生暗褐色菌核。

(2)防治　增施钙钾肥。始花期后，结合积土培畦，亩施石灰 40～50 千克，或石灰和草木灰各 15～25 千克混合施，可增强植株的坑病能力；在开花期及时检查，当发病株率在 20%左右时，立即喷药防治。可用井冈霉素 800 倍液或 75%百菌清 500～600 倍液喷雾。

9. 荚果腐烂病

荚果腐烂病

(1)特征　荚果上出现淡棕黑色病斑是荚果腐烂病的主要特征。病斑扩大并连成一片，整个荚果表面失色，随着病害进一步发展，果壳组织分离，果仁腐烂。烂果的植株地上部正常，一般不表现萎蔫症状。

(2)防治　药剂拌种，用福美双(每 100 千克种子用药 50 克)；在花生成熟期每亩施用石膏或石灰 10～20 千克，直接撒施于结果的地面上；发病初期用根腐灵 300 倍液或 50%多菌灵 1 000 倍液或 70%甲基托布津 800 倍液喷雾或灌根。

10. 花生紫纹羽病

(1)特征　花生茎基部或根部覆盖一层紫褐色菌丝层，像菌毯。菌丝缠绕的花生茎根变褐，腐烂枯死，花生地上部生长不良，叶片逐渐变黄枯死，后寻致全株枯死。早染病荚变褐腐烂，不结果仁。病果为紫褐色

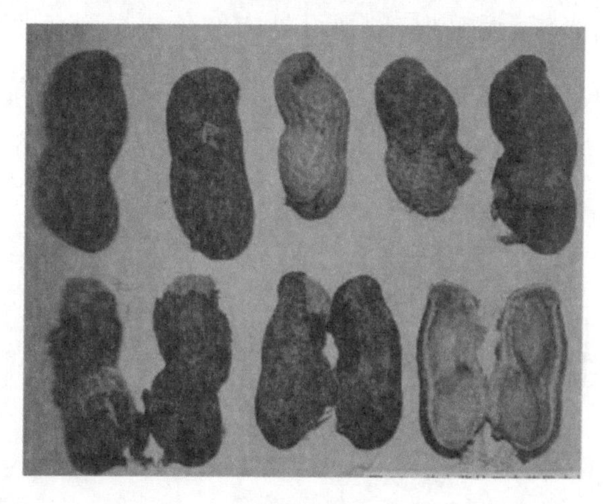

花生紫纹羽病

菌丝层覆盖，后期感病荚果果仁变黑褐色腐烂。

(2)防治　同荚果腐烂病。

11. 根结线虫病

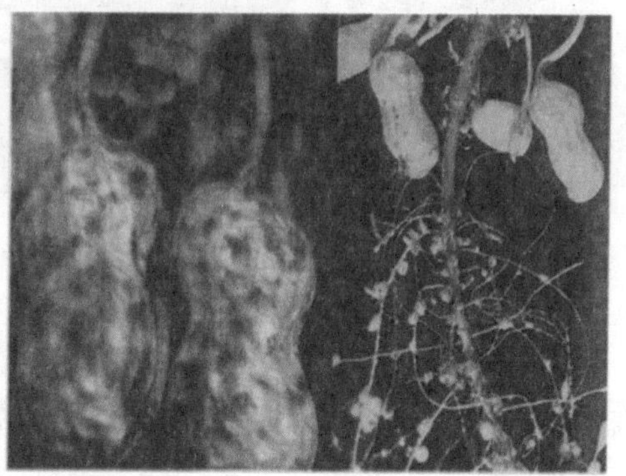

根结线虫病

(1)特征　根结线虫病主要侵染花生根系，其次侵染花生荚果、果柄等入土部位。受害部位膨大，形成纺锤状，即虫瘿，初呈乳白色，后变淡黄色至深褐色。侵染荚果，在果壳上形成疮痂状的褐色突起，即虫瘿。鉴别时要注意虫瘿和根瘤的区别，虫瘿多长在根端，表面粗糙，呈不规则形，并长有毛根，剖视可见乳白色沙粒状雌虫；根瘤长在根的一侧，圆形或椭圆形，表面光滑，无毛根，剖视可见肉红色或墨绿色根瘤菌液。被害后，植株叶片黄化瘦小，开花减少，生长势弱，植株矮小，提早落叶。

(2)防治　花生播种时，每亩用防线剂1号2.5～3.0千克或15%涕灭威颗粒剂1.0～1.5千克，混适量沙土，施于播种沟内，但不能和种子直接接触。

(五)花生主要虫害及防治

1.新蛛蚧

新蛛蚧

(1)特征　以幼虫在根部为害，刺吸花生根部吸取营养，致侧根减少，根系衰弱，生长不良，植株矮化，叶片自下而上变黄脱落。前期症状不明显，开花后逐渐严重，轻者植株矮小、变黄、生长不良；重者花生整株枯萎死亡，受害植株很似病害，地下部根系腐烂，结果少而秕，收获时荚果易脱落，严重影响花生的产量和品质，一般田块减产10%～30%，严重地块达50%以上。

(2)防治　播种期防治，花生播种时，用50%辛硫磷颗粒剂2.0千克对细土30～50千克配成毒土盖种；也可以用48%毒死蜱乳油0.2～0.25千克加水适量，拌细土30～40千克配成毒土撒施；还可以用种子量0.2%的50%辛硫磷乳油拌种，防治效果均较好，同时还能兼治地下害虫等；生长期防治最佳施药时间在6月下旬至7月上旬，若施药过晚，其株型外壳已经加厚,极难用药防治。一般情况下,可以用50%辛硫磷乳油200～300毫升/亩,加细土30～50千克制成毒土,顺垄撒于花生根部,然后覆土浇水;也可以用50%辛硫磷乳油1 000～1 200倍液;26%辛硫磷·吡虫啉乳油500～1 000倍液,直接喷洒到花生根部,效果很好。

2.地下害虫

(1)特征　主要是蛴螬和金针虫。

(2)防治　播种前用种衣剂或拌种剂对种子进行处理。目前,较好的防虫拌种剂为“高巧”和“地鹰”,也用50%辛硫磷乳油500毫升加水10～50千克拌种400～500千克播种。在虫情严重的田块结合播前耕地,每亩用5%辛硫磷颗粒剂每亩2～3千克或5%西维菌粉1.5～2.5千克,加细土15～25千克,混合均匀撒布全田,随即耕耙翻入土中。

3.其他虫害防治见栽培技术

花生播种前,亩用50%多菌灵1千克,掺细土25千克,全田撒土表或垡头并耙匀,可防治多种土传病害。

八、花生常用调节剂及使用方法

(一)多效唑

多效唑(PP333)又名氯丁唑,纯品为白色结晶,难溶于水。国内生产的多效唑为含有效成分15%的可湿性粉剂,其溶解度和稳定性均可保证农业应用的需要,常温条件下至少5年不减效。

1.产品特点

多效唑为植物生长延缓剂,可被植物的根、茎、叶所吸收,能抑制植物体内赤霉素的生物合成,减少植物细胞分裂和伸长,有抑制茎秆纵向伸长,促进横向生长的作用,还能使叶片增厚,叶色浓绿。多效唑在植物体内降解较快,在旱田土壤中降解较慢,因土壤质地不同,半衰期一般为6～12个月,多效唑对人、畜低毒,皮肤几乎不吸收,无过敏反应,对眼睛不产生明显的刺激作用,使用较安全。

2.使用方法

多效唑适用于肥水充足,花生长势较旺或有徒长趋势,甚至有倒伏危险的地块。生长正常的花生田不宜施用。施用时期,春花生为结荚前期,夏花生为下针后期至结荚初期,或者主茎高度为30～35厘米时。每亩用15%多效唑可湿性粉剂30～50克(具体用量视花生长势而定)对水40～50千克,叶面喷施,做到不重不漏,一般情况下,只喷1次即可。

3.注意事项

多效唑用量过大或过早施用会严重影响花生荚果发育,使果形变小，果壳增厚。多效唑可加重花生叶部病害发生，使叶片提前枯死、脱落，引起植株早衰，用量加大，早衰现象严重。花生种子萌发及幼苗出土对多效唑特别敏感。

(二)烯效唑

烯效唑(S3307)又名优康唑、高效唑，纯品为白色晶体，难溶于水，可溶于丙酮、甲醇、氯仿、乙酸乙酯等有机溶剂。国内生产的烯效唑多为含有效成分5%的可溶性粉剂，常温条件下保存2年开始减效。

1.产品特点

烯效唑为植物生长延缓剂，对植物的作用和多效唑类似，但药效较多效唑强烈，一般用量相同，药效可为多效唑的5～10倍。烯效唑在植物体内和土壤中降解较快，基本无土壤残留。烯效唑对人、畜低毒，烯效唑用量少，作用效果明显，在生产中有逐步取代多效唑的趋势。

2.使用方法

烯效唑适用于肥水充足，花生植株生长旺盛的田块施用。施用时期以花针期或结荚期为适，每亩40克，配水30千克喷雾。

(三)壮饱安

壮饱安是青岛农业大学研制的复合型植物生长调节剂，是含多效唑成分的粉剂，易溶于水，性质稳定。本品易吸潮，潮解后不降低药效。常温条件下保存至少5年不减效。

1.产品特点

壮饱安为植物生长延缓剂，能抑制植物体内赤霉素的生物合成，减少植物细胞的分裂和伸长，抑制地上部营养生长，使植株矮化，叶色变深，促进根系生长，提高根系活力，改善光合产物的运转与分配。壮饱安对人畜毒性很低，对皮肤和眼睛无明显的刺激作用，施用安全。尽管壮饱安含多效唑成分，但因含量很低，在土壤中的残留量不会对后作产生不良影响。

2. 使用方法

壮饱安适用于各类花生田，施用适期为花生下针后期至结荚前期，或主茎高度 30～35 厘米时，用量为每亩 20 克左右，对水 30～40 千克，叶面喷施，植株明显徒长，用量可略增加或施用 2 次，但总量不宜超过每亩 30 克。生长不良的花生田可适当减少用量。

3. 注意事项

壮饱安药效较缓，即使用量较大也不会因抑制过头而产生副作用。施用时可向药液中加少量黏着剂，以利于药液黏着和叶片吸收。该药剂性质稳定，可与杀虫剂、杀菌剂和叶面肥料混合施用。壮饱安不宜处理种子。

(四)缩节安

缩节安又名助壮素、调节啶，纯品为白色结晶，极易溶于水，在水中的溶解度大于 100%。缩节安在酸性溶液中稳定，对热稳定，不易光解，易潮解，潮解后不变质，常温保存稳定期在 2 年以上。

1. 产品特点

缩节安为植物生长延缓剂，易被植物的绿色部分和根部吸收，抑制植物体内赤霉素的生物合成，促进根系生长，提高根系活力，提高叶片同化能力，改善光合产物运转与分配，促进开花及生殖器官发育，提高产量，改善品质。缩节安在土壤中降解很快，半衰期只有 10～15 天，无土壤残留。对人、畜、鱼类和蜜蜂等均无毒害，对眼和皮肤无刺激性。

2. 使用方法

缩节安适用于各类花生田，在花生下针期至结荚初期施用效果较好，下针期和结荚初期两次施用效果更好。一次每亩用缩节安原粉 6～8 克。先将其溶于少量水中，再加水 40 千克，均匀喷洒于植株叶面。

3. 注意事项

缩节安在土壤中无残留，无任何毒副作用，施用安全。施用时可向药液中加少量黏着剂，以利药液黏着和叶片吸收。缩节安易潮解，潮解后不影响药效，其性质稳定，可与农药和叶面肥混合施用。

(五)ABT 生根粉

ABT 生根粉是中国林业科学研究院 ABT 研究开发中心研制的复合植物生长调节剂，在花生上主要应用 4 号剂。本品为白色粉末，难溶于水，易溶于乙醇，易光解，光解后颜色变红，长期保存应避光并置于低温(4℃)条件下，以免活性降低。

1. 产品特点

ABT 生根粉为植物生长促进剂，可提高植物体内生长素的含量，从而改变了体内的激素平衡并产生一系列生理生化效应，能有效地促进植物根系生长，提高根系活力，改善叶片生理功能，延缓叶片衰老。本品无毒、无残留，施用安全。

2. 使用方法

生根粉适用于各类花生田，既可用作浸种又可用作叶面喷施。浸种和叶面喷施的适宜浓度均为 10～15 毫克/千克，叶面喷施宜在下针期至结荚初期进行，每亩药液用量为 40～50 千克。2 种施用方式以浸种简便易行，用药量少，是生产上普遍采用的方式。

3. 注意事项

生根粉为粉剂，不溶于水，用时需先将药粉溶于少量酒精中，再加水稀释至所需浓度。

(六)油菜素内酯

油菜素内酯，又称芸薹素(BR)，纯品为白色结晶粉末，难溶于水，易溶于甲醇、乙醇、丙酮等有机溶剂。国产商品剂型为可溶性粉剂。

1. 产品特点

油菜素内酯为植物生长促进剂，极低浓度即能显示其生理活性，主要生理作用是促进细胞分裂和伸长，提高根系活力，促进光合作用，延缓叶片衰老，提高植物的抗逆性，特别对植物弱势器官的生长具有明显的促进作用。本品对人、畜低毒，在植物体内和土壤中均无残留，施用安全。油菜素内酯用量小，效果明显，具有广泛的应用前景。

2. 使用方法

油菜素内酯适用于各类花生田，可用作浸种和叶面喷施。浸种适宜浓度为0.01～0.1毫克/千克，叶面喷施适宜浓度为0.05～0.1毫克/千克。叶面喷施宜苗期至结荚期进行，每亩药液用量为40～50千克。

(七)矮壮素

矮壮素(CCC)又名氯化氯代胆碱，纯品为白色结晶，有类似鱼腥气味，易溶于水，在水中的溶解度为100%。矮壮素在50℃下贮藏两年无变化，本品极易吸潮，其水溶液性质稳定，但在碱性介质中不稳定，对铁和其他金属有腐蚀性。

1. 产品特点

矮壮素为植物生长延缓剂，可由叶片、嫩茎、芽、根和种子进入植物体,抑制赤霉素的生物合成,抑制细胞伸长而不抑制细胞分裂,抑制茎部生长而不抑制性器官发育。它能使植株矮化、茎秆增粗、叶色加深,增强抗倒伏、抗旱、抗盐能力。矮壮素在植物体内和土壤中降解均很快,进入土壤后能迅速被土壤微生物分解,用药 5 周后残留量可降至 1%以下。对人、畜低毒。

2. 使用方法

矮壮素适用于肥水充足,植株生长旺盛的田地,以花生下针期至结荚初期叶面喷施效果较好,用 50%的水剂稀释 1 000～5 000 倍均匀喷施叶面,每亩药液用量为 40～50 千克。

九、南阳春播花生高产栽培技术

目前，南阳春花生播种面积约占花生种植面积的 50%，主要集中在岗坡丘陵地区及沙土地，近几年春花生面积不断增加，平原区也大面积种植。春播花生有利于实现花生生产的全程机械化，能充分发挥优良品种的增产潜力，实现优质、高产、高效，是花生生产主要种植模式之一。

（一）冬、春耕翻与播前整地

前茬作物收获后进行冬耕，耕深 20～25 厘米。结合冬耕，施腐熟农家肥 10 000～15 000 千克/亩，全部的钾肥、磷肥和 1/2 的氮肥在早春耕地时全田铺施。为了提高磷肥利用率和减少农家肥的氮素损失，施肥前将磷肥和农家肥一起堆沤 15～20 天。在花生播种前，要根据播种对土壤的要求进行精细整地。

（二）科学配方施肥

1. 施肥量

春花生的施肥量要根据地力和对产量水平的要求而定。在测定土壤肥力的基础上，根据花生的产量指标，可按每生产 100 千克荚果约需纯氮 5 千克，五氧化二磷 1 千克，氧化钾 2 千克，根据减氮、增磷、增钾的施肥原则，计算各种化肥的施用量。那么春播花生亩产要达到 500 千克/亩，需要纯氮 25 千克，减半后为 12.5 千克，五氧化二磷 5 千克，加倍后为 10 千克，需要氧化钾 10 千克。考虑到前茬遗留在土壤中的养分为各种营养元素需要量的 1/4～1/3，那么亩产 500 千克花生需要施纯氮 8～10 千克，折合尿素 17～21 千克，五氧化二磷 6.7～7.5 千克，折合 14%的过磷酸钙 45～55 千克，氧化钾 6.7～7.5 千克，折合硫酸钾 13～15 千克。

2.施用方法

肥料的具体施用方法是将全部土杂肥、钾肥和 2/3 的氮、磷化肥混合辅施，结合冬耕施于 20～25 厘米土层内，其余 1/3 的氮、磷化肥和钙肥，结合春季浅耕施于 0～15 厘米土层内。冬耕未施基肥时，可将全部土杂肥和钾素化肥及 2/3 的氮、磷化肥结合早春深耕施用，其余 1/3 的氮、磷化肥结合播种前起垄或作畦施于畦垄内。

(三)种植方式

1.平作

在土壤肥力低的旱地或沙土地，土壤保水性差，水分易流失，花生不易封行，采用平作和密植的种植方式，有利于抗旱保墒争取全苗，减少整地工作量。种植远杂 9102、宛花 2 号、远杂 9307、商花 5 号等珍珠豆型品种，行距为 25～33 厘米，穴距 16.5 厘米，种植密度 12 000 穴以上，每穴 2 粒。

2.起垄种植

在地势平坦、土层深厚、排灌条件好的大田，种植结实范围大的普通型或中间形中熟大果品种，可采用起垄种植。垄种有利于花生合理密植和田间通风透光。花生起垄种植需要在播种前整地时起垄，在垄上开沟或开穴种植，一般分为单行垄种和双行垄种 2 种。

(1)单行种植旱薄地　采取不带犁铧两犁起垄，垄高 10 厘米，垄宽 28～33 厘米，穴距 13.2～15 厘米；中等肥力以上的地块种可采用垄距

33～35 厘米，穴距 16.5～18.5 厘米的种植方式。

（2）双行种植中等肥力以上地块 采用专用花生起垄播种机播种，起垄、播种、喷除草剂、覆膜一次完成。可采用开封市金牛农机修造厂生产的花生覆膜播种机播种。垄高 10～12 厘米，垄宽 75～80 厘米，垄沟宽 25～30 厘米，垄面宽 40～50 厘米，垄上种双行花生，小行距 25 厘米，大行距 50～55 厘米，平均行距 37～40 厘米，穴距 16.5～18.5 厘米，每穴 2 粒。

(四)适时播种

1. 播种时期

当 10 厘米地温稳定在 15～18℃时即可播种。一般情况下，地膜覆盖栽培春播花生于 4 月 10 日左右播种，露地栽培春播花生于 4 月下旬播种。

2. 播种方式

使用花生专用播种机械进行播种，具有省工、省时、深浅一致，密度均匀的特点，较人工播种提高工效 10～15 倍。花生的播种深度直接影响种子的出苗质量和幼苗的整齐度，其适宜的播种深度应根据土质、当时的气候、土壤含水量及栽培方式确定。如果播种过深，种子出苗消耗养分过多，出苗慢，长出的幼苗弱，严重的出不了苗。因此，花生播种应本着宜浅不宜深的原则，播种深度一般以 5 厘米左右为宜。播种较早，地温较低，或土壤湿度大，土质紧，可适当浅播，但最浅不能浅于 3.3 厘米；过浅种子在晴天和空气干燥的情况下容易失水落干，不能保全苗。反之可适当加深，但最深也不能超过 7 厘米。

(五)生长期田间管理

春花生要获得高产，必须从出苗到成熟的整个生育过程进行科学管理，协调营养生长和生殖生长的矛盾，维持稳长株健，不旺长，不早衰的群体长相，达到株多、棵壮、花齐、针多、果多、果饱的要求。

1.幼苗期的田间管理措施

(1)查苗、补种　一播全苗是丰产的基础，但在大田生产中，花生播种后往往因种子质量不好或土壤墒情不适、病虫危害、低温等原因造成缺苗断垄现象。因此，在花生出苗后，要及时进行查苗，缺苗严重的地方要及时补苗，使单位面积苗数达到计划要求数量。查苗、补苗一般在播种后10～15天进行，具体方法有以下3种。

①贴芽补苗：用与田间苗岭相近的花生备用幼苗，补种在缺苗的播种穴，增产效果优于补种浸种或催芽的种子。具体措施是在花生田的地角地边或其他空地，先将育芽地深刨细整，浇水造墒，点播种子，每穴1～2粒，穴距15厘米，盖上4～5厘米的湿润沙壤土，轻轻耙平，待子叶顶出土面未裂开时，在大田缺苗的地方用移苗器打孔，将原花生穴内霉烂、落干或因虫伤未出土的种子连同土壤取出，然后将花生苗移到缺苗的苗穴，浇水下渗，待地表不黏时用小锄或铲子浅松土破板即可。

②育苗移栽：选择一块空地或田边地角，用报纸做成直径3～4厘米的营养杯，装上营养土，每个杯中种一粒备用花生种子，待幼苗长出2～3片真叶时，选择阴雨天或傍晚移栽。

③催芽补种：将种子催芽后直接补种，补种时加施点肥料，以促进幼苗早生快发。补种时间要适当提早，加强管理，也能获得较好的收成。

(2)清棵、蹲苗　花生清棵、蹲苗是在花生齐苗后，进行第一次中耕时用小锄在花生幼苗周围将土向四处扒开，使两片子叶和子叶叶腋间的侧枝露出土外，以利于第一对侧枝健壮生长。试验和生产实践证明，花生清棵有显著的增产效果。一般可使荚果增产12.9%。但清棵时间的早晚对清棵增产效果有较大的影响。据试验，齐苗后清棵比不清棵荚果增产 14%,齐苗后 5 天,清棵比不清棵增产 7.8%,齐苗后 10 天,清棵比不清棵增产 7%。因此,花生清棵必须适时,要根据出苗情况,齐苗后及时进行,以充分发挥其增产作用。

(3)中耕、除草　苗期中耕的主要作用是壮棵早发。旱时中耕能切断土壤毛细管,防止土壤水分蒸发,保墒防旱,有利于茎枝分生发展;涝时中耕能打破土壤板结层,增强土壤通透性,散墒提温,有利于根系下扎,壮苗促长。

因此,露地平播春花生苗期要适时中耕除草,一般中耕 2 次,第一次在花生基本齐苗后清棵蹲苗前进行。要做到深锄破除土壤板结层。方法是深锄垄沟,浅刮垄背,随即用小锄清棵。第二次中耕在清棵后 15～20 天进行,要浅锄,刮净杂草,花生基部尽量少掩土,以保持清棵、蹲苗所创造的小气候。

(4)防治苗期虫害　春花生如在播种时未采用种衣剂包衣,应注意苗期蚜虫、蓟马、地老虎的防治。

2.开花下针期的田间管理措施

开花下针期的管理应围绕促棵、促花、促果、防过旺、保幼果进行。

(1)水肥管理　本时期植株生长逐渐旺盛,对水肥需求量急剧增加,如果基肥不足或遇旱,应及时灌水和追肥。

①灌溉:耕层土壤含水量小于田间最大持水量的 50%,日开花量减少,中午叶片萎蔫泛白,日落后尚能恢复时,可适量灌溉。试验表明,遇旱浇水比不浇水的前期有效花比对照增加 16.0%,结实率和饱果率分别提高 14.5%和 13.5%。

②追肥:露地栽培,如果基肥不足,可结合浇水根际追施过磷酸钙 15～20 千克/亩,标准氮素化肥 0.67～1.00 千克/亩。缺硼地块应叶面喷施 0.2%～0.3%硼砂水溶液,以提高受精率和结实率。缺锌地块叶

面喷施0.2%硫酸锌水溶液;缺铁地块,灌水后易出现心叶变黄白色,应叶面喷洒0.2%~0.3%硫酸亚铁水溶液。缺钙地块可根际追施钙肥,酸性土壤追施石灰25~50千克/亩,碱性土壤追施石膏25~50千克/亩。

(2)中耕松土 露地栽培要在开花下针期末,群体植株接近封行,大批果针入土结实之前进行中耕松土。要深锄、细锄、刮去地表板结皮,彻底消灭护根草。深锄注意不要松动入土果针,刮锄不要碰伤结果枝。

(3)防病保叶 花生叶斑病对花生产量影响较大,高产田要特别注意防治。应于始花后开始田间调查,发现病情及时喷药,每隔10~15天喷1次杀菌剂,连续喷洒3~4次,可以取得比较好的防病增产效果。

(4)治虫保花果 应注意蚜虫、棉铃虫、蛴螬的防治。始花至单株盛花期如遇阴冷干燥的天气,易发生蚜虫;如遇高温多湿的天气,则2、3代棉铃虫易大发生;开花下针后期,金龟甲产卵孵化,幼虫蛴螬入土咬食花生根和果。要定点观察,及时防治、保花、保果。

3.结荚期的田间管理措施

结荚期田间管理的重点是促果、控棵、保稳长。

(1)培土迎果针 在植株封行和大批果针入土前深中耕,将垄行间的土培到垄上,使垄的外缘加高,缩短高节位果针的入土距离。使结实范围内的果针入土结实,提高结实率和饱果率。

培土迎针的时间是单株盛花期,群体植株封垄之前,选择晴天墒情适宜时进行。北方花生产区一般在7月中旬前后。过早会影响茎枝基部生育和开花成针,过晚因花生群体植株封行和大批果针入土,则中耕不便,且易松动入土果针。

培土方法因种植方式的不同略有差异。平作花生如行距较大,可在大板锄与锄沟交接处带一草环,锄拉行间土培土迎果针;单行垄种可用带草环的大锄,退行深锄猛拉,壅土培垄,要做到穿垄不伤针,培土不压蔓。双行垄种的花生应先用大锄深锄垄沟，浅刮垄背，退去垄上的干结土层，然后用耘锄穿沟培土。要达到沟清土暄，顶凹腰胖的标准，以利于高节位果针入土结实。

(2)控棵保稳长　结荚期是花生一生中生长最盛期，土壤肥力基础较好和花针期进行肥水猛促的田块，易出现群体植株徒长，过早封行，造成田间郁蔽甚至后期倒伏的现象，会使有效叶面积迅速下降，净光合生产率显著降低，果针高吊，针多不实，结实不饱，难以获得高产。因此，在花生始花后 30～50 天(早熟品种花后 30～40 天，中熟品种 40～50 天)，主茎高 35～40 厘米，第一对侧枝 8～10 节的平均长度＞5 厘米时，应及时叶面喷洒 50～70 毫升/升的多效唑水溶液，每亩喷 50 千克药液，控制茎叶生长，确保茎枝稳长，防止田间郁蔽和植株倒伏。

(3)排涝防旱　豫东大花生产区春花生结荚期正值雨季，应特别注意排水防涝。如遇干旱，耕作层土壤含水量低于田间最大持水量的 40%，群体植株叶片泛白，傍晚不能恢复时，应进行灌溉，沟灌时要进行小水润浇，喷灌时水滴不能太大、太急。

4. 饱果成熟期的田间管理措施

饱果成熟期的田间管理重点是保叶、防衰、促饱果。

(1)喷肥保叶　为增强顶部叶片活力，延长叶片功能时间，提高饱果率，从结荚后期开始，每隔 10～15 天叶面喷施 1 次 2%～3%的过磷酸钙和 1%～2%的尿素混合水溶液，共喷 2～3 次，增产效果显著。据试验，露地高产栽培喷施 2 次可增产荚果 11.2%。

磷、氮肥液的配制方法是称取 2～3 千克过磷酸钙加入 5 千克清水，搅拌浸泡一昼夜后，将澄清液滤出，加入 45 千克清水稀释，然后再加入 0.5～1 千克尿素，充分溶解后，即成为(2%～3%)+(1%～2%)的磷、氮混合溶液。喷施时应选择晴天下午进行，肥液要随配随用。

(2)排灌增饱果　饱果成熟期植株耗水量锐减,根系吸收能力衰退。如果此时降雨过多,田间排水不良,易引起根系腐烂,茎枝枯衰,饱果降低,严重时,因土壤中空气过少,发生烂果。因此,高产田应特别注意疏通渠道,排除积水,防止内涝。此期花生耗水量虽少,但遇到严重干旱,易造成根系衰败,引起顶部叶片迅速脱落,茎枝随即枯衰,荚果难以充实饱满,从而大幅度减产。因此,当耕层土壤含水量低于田间最大持水量的40%时,应及时轻浇润灌饱果水,以养根护叶,维持功能叶片的活力,提高饱果率,这是确保花生高产的关键措施。据试验,该期0～30厘米土层平均含水量稳定在田间最大持水量的55%时,较含水量为田间最大持水量的40%的对照区增产荚果29.1%,较含水量为田间最大持水量的30%的对照区增产荚果40%。

(3)防病不早衰　饱果成熟期是花生叶斑病,特别是网斑病及锈病发生严重的时期,要在开花下针期防治的基础上继续防治,确保植株不早衰。

十、南阳麦套花生简化高产栽培技术

(一)品种选择

1.花生品种的选择

麦套花生应选择中早熟、优质、高产、综合抗性好、有专用特点的花生品种作为主栽品种。目前,可选用远杂 9102、宛花 2 号、远杂 9307、商花 5 号等小果型品种。

2.小麦品种的选择

小麦品种应选择早熟、抗病、矮秆的优质高产品种。要求叶片上冲,遮光性小、落黄好,后期不倒伏,以适宜花生套种和花生出苗后对其生长影响小的要求,有利于小麦、花生双高产。

(二)种子质量和种子处理

1.种子质量

花生优良品种种子质量包括品种的真实性、种子纯度、净度、种子含水量等方面。按现行国家技术标准(GB 4407.2),花生原种的纯度不低于 99%,一级良种的纯度不低于 96%,原种和一级良种的净度均应达到 98%以上,发芽率不低于 75%。

2.种子处理

花生播种前 15 天左右剥壳,剥壳前晒种 2～3 天,以消灭部分病菌,提高发芽率。剥壳后种子分级粒选，选用一、二级仁作种。播种前用高巧＋多菌灵或博翔一号丹拌种，每套药剂拌种15～18千克。

（三）套种方式

由于套种花生的麦田一般不留预留行，花生的播种不影响小麦的机械化收获。为了便于小麦生长后期在麦垄间套种花生，小麦行距一般不少于22厘米。为适应农村经济发展和农业生产的新特点，应改革麦套花生套种方式。采用花生专用人力播种耧条播代替人工穴播，具有一定的增产作用，且省工、省时、播种质量高、出苗整齐，能很好地解决麦套花生套种难的问题。

（四）播种

1. 播种期

（1）中、上等肥力地块　普通畦田麦套种花生，适宜播期为5月15—25日。

（2）中等肥力以下的地块　普通畦田麦套种花生，适宜播期为5月10—20日。

2. 种植密度

（1）上等肥力地块　普通畦田麦套种花生，采用花生专用人力播种耧条播，一般每隔2行小麦播种1行花生，适宜播种密度为20万～22万株/公顷。

（2）中等肥力及以下的地块　普通畦田麦套种花生，采用花生专用人力播种耧条播，宽窄行种植，适宜播种密度为1.33万～1.47万株/亩。

普通畦田的套种方式

(五)科学配方施肥

1.施肥原则

①小麦花生统筹配方施肥麦套花生的施肥要把小麦和花生作为一个整体来考虑,进行统筹配方施肥,以适应花生喜“乏”肥(肥料在土壤中停留一段时间更有利于花生的吸收利用)的营养吸收特点,同时可解决麦套花生施肥难的技术问题。

②增施有机肥有机肥不会导致硝酸盐污染,但必须充分腐熟,最好进行高温堆沤,即在60～70℃条件下持续堆沤半个月,可以降解有机污染物,杀灭病原菌。常年施用经高温充分腐熟的有机肥,可减轻病虫害,减少农药用量,提高花生产量和质量。有机肥一般在小麦播种前底施。

③平衡施肥对土壤中营养成分进行系统检测,采用土壤缺什么就补什么的施肥原则,以避免盲目过量施肥。小麦底施氮肥可用尿素、碳酸氢铵,磷肥可用过磷酸钙、磷酸二铵,钾肥可用硫酸钾、氯化钾;小麦、花生追施氮肥可用尿素,花生追施磷肥用过磷酸钙,不仅含五氧化二磷,而且还含有钙、硫等花生所需的大量营养,也可省去花生施用钙肥工序,具有省工和减少开支的作用。

2.施肥数量和方法

中、上等肥力条件下，小麦产量要达到500千克/亩，花生产量要达到400千克/亩，其氮、磷、钾施肥配方为：小麦底施氮12.6千克/亩，五氧化二磷8.4千克/亩，氧化钾10千克/亩，小麦拔节期追施氮4.6千克，花生苗期追施氮4.6千克/亩，花生始花期追施五氧化二磷4.2千克/亩。中、后期应注意化学调控防止花生旺长；小麦产量要达到400千克/亩，花生产量要达到300千克/亩，其氮、磷、钾施肥配方为：小麦底施氮6.9千克/亩，五氧化二磷8.4千克/亩，氧化钾8.3千克/亩，小麦拔节期追施氮4.6千克/亩，花生始花期追施五氧化二磷2.8千克/亩。

(六)田间管理

麦套花生由于与小麦共生期间营养及光照不足，花生植株发育不良，因此，生育期间田间管理要以促为主，促苗早发，适时调控，确保苗壮不徒长、不早衰的群体长相。

1.中耕灭茬

麦套花生在麦收后是否中耕灭茬，要看具体情况而定，如果麦收后雨水较少，气温偏高，土壤不板结，可以不灭茬。如果麦收后雨水较多，气温低，土壤板结，为了提高地温，促苗早发，应及时中耕灭茬。一般情况下，沙土地土质比较疏松，小麦收获后将大部分麦糠覆盖在地表，具有抑制杂草生长和保墒的效果，配合喷洒苗后除草剂可以不灭茬，两合土地下雨后易板结，应适时中耕灭茬。

麦收后需要灭茬的地块，使花生“缓苗”数日后再灭茬。以麦收后5～7天灭茬为宜。第一次中耕灭茬易浅些，灭茬除草时，避免损伤幼苗；第二次中耕结合追施氮肥深锄；第三次中耕在始花期至果针入土前，结合追施磷肥或钙肥。

2. 水分管理

麦套花生播种前后应浇好小麦灌浆水，以利于小麦丰收和花生出苗对水分的需求，花生套种期如有降雨，应抢墒播种。花针期遇干旱要及时浇水，但灌水不宜过多。花生结荚期和饱果成熟期一般雨水较多，应及早修复和清理田间排灌系统，以防雨季发生涝灾。

（七）综合防治病、虫、草害

麦套花生的病、虫、害防治应优先采用农业和生物防治措施，突出生态控制，充分利用自然因素（如天敌等）控害，本着安全、经济、优质、有效的原则，协调应用农业的、生物的、物理的和化学的综合防治技术。生产过程中严禁使用国家规定的高毒、高残留或具有“三致”（致癌、致畸、致突变）作用的农药，保证花生产品中农药残留低于国家允许标准。

1. 病害的防治

（1）叶斑病的防治　始花后叶面喷施杀菌剂（多菌灵、甲基托布津、戊唑醇、醚菌脂、肟菌脂、代森锰锌等）＋微肥（钼酸铵、硼酸钠等）混合液40～50千克/亩，每隔15～20天1次，连喷3次。要注意不同种类杀菌剂和不同种类微肥交替使用，避免重复。

（2）白绢病的防治　近年来，白绢病在我省花生产区局部偏重发生，可亩用75%肟菌·戊唑醇（拿敌稳）水分散粒剂10～15克或45%三唑酮·福美双可湿性粉剂或50%多菌灵可湿性粉剂1 000倍液淋灌（100～200毫升/穴）或喷淋根部外，还可用28%多菌灵·井冈霉素悬浮液1 000～1 500倍液或20%萎莠灵乳油1 500～2 000倍液。交替施用2～3次，隔7～15天1次，注意喷匀淋足。

（3）病毒病的防治　及时防治蚜虫、叶蝉、蓟马等，杜绝病毒来源。田间发病初期用5%菌毒清水剂200～400倍液叶面喷雾，7～10天喷

1 次，连喷 2～3 次，每次用药液 40～50 千克/亩。

2. 虫害的防治

(1)蛴螬的防治

①在花生田周围或田间均匀点种蓖麻 20～30 株/亩，可使在花生田产卵的金龟甲(蛴螬的成虫)取食蓖麻叶后中毒死亡，其效果不亚于施用化学农药，可使虫口减少 90%左右，花生虫果率降至 5%以下，有明显的增产效果。

②在 6 月底或 7 月初，全田喷洒 800～1 000 倍辛硫磷溶液，具有杀卵效果或在 6 月底、7 月初，每亩用 40%辛硫磷 0.15 千克拌细沙土 15 千克，全田撒施，然后中耕，均能明显减轻中后期蛴螬危害。

(2)其他害虫的防治　苗期有蚜虫发生时(百株有蚜 250 头)，用 30%蚜克灵可湿性粉剂 2 000 倍液或 10%高效吡虫啉可湿性粉剂 4 000 倍液等，进行叶面喷雾防治；红蜘蛛发生时，有螨植株在 5%以上，选用杀螨类药剂进行防治。

3. 草害的防治

(1)麦田化学除草　麦田化学除草应注意的问题：一是麦田除草应选择正规厂家生产的高效、低毒、低残留、残效期短的化学除草剂；二是禁止使用残效期较长的磺酰脲类除草剂，包括含甲磺隆、氯磺隆和胺苯磺隆等有效成分的除草剂；三是麦田除草剂应在冬前施用，春节后应禁止施用各种类型除草剂。

(2)花生田化学除草　麦套花生田化学除草应选用茎叶处理型除草剂，又称芽后除草剂。常用的花生田苗后除草剂有盖草能、笨达松、拿捕净、灭草灵、精稳杀得等。将除草剂用水稀释后，直接喷洒到已出土的杂草茎叶上，通过茎叶吸收和传导消灭杂草。茎叶处理主要是利用除草剂的生理生化选择性来达到灭草保苗的目的。在花生出苗后，用药剂处理正在生长的杂草，此时药剂不仅接触杂草，同时也接触作物，因此，要求除草剂应具有选择性。茎叶处理剂主要采用喷雾法，使药剂易于附着并浸入杂草组织，保证药效。生育期茎叶处理的施药适期，应在对花生安全而对杂草敏感的生育阶段进行，一般以杂草 3～5 叶期进行使用为宜，选择高温晴天时用药，防除效果好，阴天和低温时药效较差。

(八)化控防旺长、防倒伏

花生封垄前后，株高达 35～40 厘米时，营养体生长基本达到顶峰，生殖生长较弱，必须立即调整生长中心，防止茎叶徒长，并促使其向生殖生长转移。采取的措施是化控株高，用烯效唑加水叶面均匀喷洒，可有效抑制营养生长，促进生殖生长，一般可降低株高 15 厘米，节间变短变粗，防郁蔽、抗倒伏能力大大加强。

烯效唑适用于肥水充足，花生植株生长旺盛的田块施用。施用时期以花针期或结荚期为适，施用浓度以 50～70 毫克/千克为宜，每亩叶面喷施 2.67～3.33 千克药液，花针期喷施能提高单株结果数，结荚期喷施能增加饱果率，一般增产 10％以上。

(九)适时收获

麦套花生生育期短，荚果充实饱满度差，因此不能过早收获，否则会降低产量和品质，应根据天气变化和荚果的成熟饱满度，适时收获，一般应保证生育期不低于 115 天。用 4H-750 型花生收获机进行田间采收，用 80 型花生摘果机摘果，能较大幅度地提高工作效率。

十一、南阳夏直播花生高产栽培技术

（一）播前准备

1.品种选择

选用优质、高产、抗病、适应性强、商品性好、适应市场需求的小果花生品种。如远杂 9102、宛花 2 号、远杂 9307、豫花 23 号、豫花 22 号、驻花 2 号、商花 5 号等。

2.种子准备

（1）晒种、分级　播前 15 天晒种 3 天，剥壳，剔去暗黄粒、病虫粒、秕粒，大小粒分开。

（2）药剂拌种　花生苗期主要病害有根腐、茎腐、冠腐病等，主要虫害有蛴螬、金针虫等。拌种做到随拌、随播。

①防病为主时可用 50％多菌灵可湿性粉剂或 40％拌种灵可湿性粉剂按种子重量的 0.3％～0.5％拌种或用 2.5％咯菌腈悬浮剂按种子量的 0.1％～0.2％拌种。

②防虫为主时可用含辛硫磷或毒死蜱或吡虫啉等成分的花生专用复配拌种剂，每套拌种 15 千克左右。

3.施肥

①底肥每亩施氮、磷、钾三元素复合肥（15～15～15）50 千克左右、锌肥 1 千克。

②缺钙土壤每亩补施石膏粉 30～40 千克。或酸性土壤每亩补施石灰 50～60 千克或钙镁磷肥 35～40 千克；碱性土壤每亩补施过磷酸钙 30

千克。

③有条件的地方,每亩再施有机肥 2 000～3 000 千克。

4.整地

①麦收后及时灭茬、耕翻,耕翻深度 25～30 厘米为宜。也可铁茬播种,出苗后再灭茬、深松。

②蛴螬危害严重田块,整地前每亩撒施 3%辛硫磷颗粒剂 5 千克。

(二)播种

1.起垄种植

垄高 12 厘米左右,垄距 80 厘米,垄沟宽 30 厘米,垄面宽 50 厘米。垄上种植 2 行花生,行距 25 厘米左右。花生种植行距垄边 15 厘米以上,株距 10 厘米左右。

2.合理密植

种植密度 11 000～12 000 穴/亩,每亩播种花生仁 15 千克左右,每穴 2 粒。

3.适期播种

麦收后利用起垄播种机尽早播种;铁茬播种时,先播种,出苗后再起垄,播期不晚于 6 月 10 日。播种最适宜的墒情为土壤最大持水量的 60%～70%,握在手,捏成团,松开即散。干旱时,先播种后喷灌。播种深度 3～5 厘米。

(三)田间管理

实施 4 次管理法(表 11-1),管理重点如下:发芽出苗期,除草剂的安全使用;幼苗期,防病治虫和追肥;开花下针期,防病治虫,增加营养,并注意控旺;结荚期,防早衰。

表 11-1　田间管理技术要点

时期	管理目的及防治对象		用药种类	每亩用量	方法
发芽出苗期	播后苗前除草	单子叶杂草	72%都尔	100～150 毫升	对水 40 千克喷雾
			或 50%乙草胺	150～200 毫升	
		单、双子叶共生杂草	50%速收	4 克	
			+90%禾耐斯	+60 毫升	
	出苗后除草	禾本科杂草	10.8%高效盖草能或 10.8%施点发	25～35 毫升	对水 15～30 千克喷雾
			或 5%精禾草克或 5%快锄或 5%草通灵	40～60 毫升	对水 35～50 千克喷雾
		阔叶杂草	24%阔乐	26～33 毫升	对水 30 千克喷雾
			或 10%阔锄	20～30 毫升	对水 15～30 千克喷雾
		禾、阔混生杂草	花生田专用除草剂克草星(花生宝)	40～50 毫升	对水 40 千克喷雾
幼苗期	一喷三防(齐苗后)		50%多菌灵或 70%甲基托布津	800 倍	40 千克喷雾
			+吡虫啉和营养剂	800 倍	
	4～5 片真叶时缺肥地块		尿素	3～5 千克	追施
开花下针期	防病(白绢病等)		24%噻呋酰胺	600 倍	40 千克喷雾
			或 25%吡唑醚菌酯	800 倍	
			+钼酸铵	40 克	
			+硼砂	40 克	
	治虫(蚜虫、菜粉蝶等)		吡虫啉、甲维盐、毒死蜱、高效氯氰菊酯	800～1 000 倍	40 千克喷雾
	控旺(旺长地块)		15%的多效唑或 5%烯效唑粉剂	30～40 克	对水 40 千克喷雾
			或 20%的壮饱安	20 克	
结荚期	防早衰(收获前 30～50 天)		10%苯醚甲环唑	3 000 倍	对水 30 千克喷雾
			尿素	300 克	
			+磷酸二氢钾	150 克	

(四)收获

1.适期收获

当植株顶部叶片停止生长,上部叶片变黄,荚果饱满,果壳网络清晰,种仁光滑饱满,并呈现品种固有色泽即进入收获期。夏花生 9 月中、下旬收获。

2.机械采收

土壤墒情合适时,采用花生收获机进行田间采收,分段收获时晾干后及时,用花生摘果机进行摘果。

3.晒果贮藏

收获后及时去杂、晒果。花生果含水量 10% 以下,花生仁含水量 9%以下时,贮存于干燥、通风处。

十二、花生轻简高效栽培技术要点

(一)选择优良品种

目前,适合南阳种植的品种有以下 3 种类型。

1. 小果型

远杂 9102、宛花 2 号、豫花 22、豫花 23、豫花 40、远杂 6 号、商花 5 号、驻花 2 号等。

2. 中果型品种

豫花 9327、漯花 8 号等。

3. 高油酸品种

豫花 37、豫花 65、开农 1715、开农 1760 等。

(二)精细整地

精耕细作,上虚下实。

(三)平衡施肥

花生是豆科作物,收获 1 000 千克荚果需要 52 千克纯氮、10 千克五氧化二磷、24 千克氧化钾。施肥数量:每亩用花生专用肥或三元素复合肥(15～15～15)50 千克左右,不同土壤类型、不同茬口,施肥数量差异很大,要科学配比,平衡施肥。

(四)合理的配置方式

①地膜覆盖。

②春直播。

③麦套。

④麦茬直播。

(五)科学管理

1.合理密植

春播 8 000～10 000 穴,夏播 10 000～12 000 穴,每穴 2 粒。

2.精细播种与适期播种

春播在地膜花生清明前后,直播在谷雨前后。

3.各生育期长相与管理

①花期长相与管理—清棵。

②开花下针期长相与管理—防旱排涝。

③荚果期管理—株高化学控制(多效唑、烯效唑、壮饱安)。

(六)病、虫害防治

1.主要病害防治技术

当前花生的主要病害是根茎腐病、青枯病、白绢病等。根茎腐病采用适乐时拌种(20 毫升/亩);白绢病严重的地块防治用药:噻呋酰胺、吡唑醚菌酯,拌种或叶面用药,越早防治效果越好。

2.主要虫害防治技术

南阳地区主要害虫有蛴螬、蚜虫、甜菜夜蛾、菜粉蝶等。下面主要介绍蛴螬的综合防治技术。

(1)农业防治 ①大面积春、秋耕时跟犁拾虫,清除杂草、落叶等,不施未腐熟的有机肥料。②平衡施肥。③蛴螬抗水能力差,如保持土壤呈泥泞状态3天以上,即可全部死亡。

(2)生物防治 ①利用成虫嗜食蓖麻叶,蓖麻中含蓖麻素,取食后引起麻痹、中毒死亡的作用,在田边地头、村边、沟渠附近的零散空地,点种蓖麻,每亩种植20~30株。②灯光诱杀。杀虫灯、诱虫灯。

杀虫灯

诱虫灯

(3)化学防治 ①拌种。可用辛硫磷、毒死蜱、吡虫啉等微囊乳剂拌种,商品名称有:盛果安、地鹰、高巧、绿鹰、喜盛、护丰等,花生生育期内不用再施药。②土壤处理。每亩用40%辛硫磷或毒死蜱200毫升,加细土15～25千克,混合均匀撒布全田,随即耕耙翻入土壤。蛴螬孵化盛期和低龄幼虫期一般在7月中旬(南阳夏花生盛花期),为药剂防治的最佳时期,可用40%辛硫磷或毒死蜱每亩200毫升,拌细炉渣或干砂15～20千克阴雨天花生墩周围撒施。③药枝诱杀。将新鲜的杨树枝条截成长50～70厘米,3～5枝捆成1把,将其侵入50%辛硫磷50倍液中5～6小时,傍晚插于花生田内,每亩插10～15把,第二天早上收把保存于阴暗潮湿处。④喷洒喷淋。遇小雨天也可用40%辛硫磷或毒死蜱每亩200毫升,对水30千克喷洒或对水40千克喷淋灌根,施药后立即浇水。

(七)收获

1.适期收获

当植株顶部叶片停止生长,上部叶片变黄,荚果饱满,果壳网络清晰,种仁光滑饱满,并呈现品种固有色泽即进入收获期。

2.机械采收

土壤墒情合适时,采用花生收获机进行田间采收,分段收获时晾干后及时用花生摘果机进行摘果。

3.晒果贮藏

收获后及时去杂、晒果。花生果含水量10%以下,花生仁含水量9%以下时贮存于干燥、通风处。

参 考 文 献

[1] 王振宇,宋江春,张焕喜,等. 花生田圈绒泡菌的发生与防治[J]. 花生学报,2014,43(4):56-58.

[2] 张新友. 栽培花生产量、品质和抗病性的遗传分析与 QTL 定位研究. 杭州:浙江大学,2011.

[3] 刘娟,汤丰收,张俊,等. 国内花生生产技术现状及发展趋势研究[J]. 中国农学通报,2017,33(22):13-18.

[4] 张翔, 毛家伟, 郭中义,等. 麦茬处理方式对夏花生播种质量与前期生长及产量的影响[J]. 花生学报, 2013, 42(4):33-36.

[5] 管国科,官天才. 花生施用多效唑试验初报[J]. 中国油料,1995,17(3):23-24.

[6] 蔡长久. 多效唑在花生上应用技术的研究[J]. 花生科技,1993(1):23-25.

[7] 党伟,王振学. 春播花生控旺秋延技术[J]. 中国农技推广,2014,30(5):18-19.

[8] 王建玉, 宋君锋, 宋江春,等. 南阳盆地花生圈绒泡菌的发生规律及防治措施[J]. 现代农业科技, 2016(7):121.

[9] 李拴柱,宋江春,王建玉,等. 高油酸花生遗传育种研究进展 [J]. 作物杂志,2017(3):6-12.

[10] 宋江春,牛智英,张秀阁,等. 珍珠豆花生适宜株高及化控技术研究初报[J]. 农业科技通讯,2015(7):105-107.

[11] 杨中旭, 李秋芝, 张晗,等. 麦后夏直播花生高效施氮技术研究

[J]. 安徽农业科学，2016，44(14)：33-34.

[12] 王建玉，宋江春，夏保清，等. 南阳花生生产现状及发展对策[J]. 农业科技通讯，2009(12)：92-93.

[13] 李东广，余辉. 花生垄作增产机理及配套栽培技术[J]. 农业科技通讯，2008(2)：103-104.

[14] 宋江春，李拴柱，王建玉，等. 我国高油花生育种研究进展[J]. 作物杂志，2018(3)：25-31.

[15] 王建玉，王宏豪，宋江春，等. 南阳盆地花生蛴螬防治药剂的筛选及综合防治技术[J]. 农业科技通讯，2011(3)：175-177.